了解狗狗的想法

How to communicate with your dog

水越美奈◎監修／LOHO 編輯部◎編

趣味教科書

LOHO Publishing
How to book
Series

成為更受歡迎的飼主

「狗狗平常在想些什麼呢？」

「自家的狗兒現在想做什麼呢？」

愛狗人士一定都很想了解，

狗狗心裡的想法。

正因為無法用言語表達，

狗狗才會手舞足蹈，

用肢體表達自己的心情。

只要能解讀那些訊息、

理解牠們的思考模式，

與狗狗感情會越來越好，

就能成為更受狗狗歡迎的主人喔！

本書能使您更加了解狗狗的想法，

也能解答您所有關於狗狗的簡單的疑問。

想和狗狗和樂相處的人，

或是正要開始養狗的人，

讓我們一起邁向「了解狗狗」之路吧！

Contents

Contents

Photos=岡野朋之／小澤義人／落合明人／楠堂亞希／野口祐一／東辻聖／增川韋一／持木大助
Dolls＝廣瀬奈保子
Model＝山野明美＆Lemorie／櫻井學、智子、梨沙＆Claire／ASH／KATE／PAUL／熊谷洋子、壯太＆REN／廣野春野＆TOMATO
Special Thanks＝感謝協助雜誌《RETRIEVER》、《POODLE》、《miniature DACHS》取材、拍攝的飼主配合及狗狗們

喜惡篇

Love&Hate

狗狗和人一樣愛聽音樂，也會談戀愛。
有壓力、也有不擅長的事物。
了解狗狗想法的第一步，
就要從理解狗狗的喜惡著手。

我們當然有喜
惡啊！雖然我們不
像人類一樣會放聲
大笑或流淚哭泣，
但滿足的時候、害
怕的時候，都可以
從我們的表情看得
出來。我們的感情
不只是用臉部表情
來表達，而是用全
身的動作來表現。
例如我們高興或興
奮時，主人一定感
受得到。

另外，尾巴和
耳朵的位置和擺動
方式，也可以表現
我們的心理狀態。
我們的動作有些很
好懂，而有些則很
容易被忽略，希望

喜惡篇

Q.01

狗狗也有
喜怒哀樂嗎？

A.

我們會
利用全身肢體
來表現情緒

大家用心觀察。

關於我們用
來表現情感的「安
定訊號」（calming
signal）在 P36～
37 有詳細說明，參
考一下吧。

A.

我們從
幼犬時期開始
就有同伴意識了

很久很久以前，我們遙遠的祖先以狩獵為生。所以不只是動物，只要是會動的東西我們都很感興趣。直到今天，有些狗狗還是維持聞到獵物

的毛皮或鳥獸類的
氣味，就會興奮不
已的習性。

但是狗狗並不
是與生俱來就會把
自己以外的動物都
當成同伴。狗在剛
出生的時候會有一
段「同伴認知期」，
所以不管是什麼動
物，只要是在那個
時期朝夕相處的對
象，都會被狗狗歸
為同伴。

例如在幼犬時
期成天和貓咪混在
一起的狗狗，就會
認為貓咪是牠的同
伴；反之，則會把
貓當成敵人。

Q.03

狗狗
也會挑食嗎？

A.

我們對食物氣味的
敏感度遠高過味道
喜好甜食
討厭苦的食物

我們狗狗與共通的自然反應。

生俱來就喜愛吃甜食，討厭苦的食物。

這是主要因為苦味往往和許多有毒物質都有關連，一旦嚐到苦味就會引發負面印象之故。這一點可說是動物界

狗狗和人一樣，舌頭表面有分辨食物味道的味蕾，不過我們的味蕾不像人類那麼敏銳，只能大致區分酸甜苦辣的差別，但另一方面來說我們對食

物氣味的敏感度遠高於味道。像是生病之類有服藥需要時，主人會把藥混入飯中，想讓我們一起吃下去，但我們一聞就知道飯裡被下藥了。如果硬要使用把藥混入飯裡面這一招的話，最好在飯裡加些我們最愛的起士和肉塊，讓我們喜歡的食物味道蓋過藥的氣味，這樣我們就會不知不覺吃掉。

此外，關於絕對不能讓狗狗吃的食物，在本書P178中另有詳述，請多加注意。

喜惡篇

Q.04

狗狗為何喜歡
會發出聲音
的玩具呢？

我們很喜歡會都會讓我們覺得很聲音很像，讓我們在不知不覺中對這個聲音特別敏感。

另有一個說法好像只要聽到這個聲音，就會喚醒潛藏在我們體內的狩獵本能。

對我們作出回應的興奮，玩的興致也會愈來愈高。

例如平時只要我們一叫，主人就會表示關切。只是，玩具發出的聲音要得到回應，我們都會很開心。所以能獵為生的祖先們抓發出聲響的玩具，到的獵物所發出的跟遠古時期，以狩

A.

所有會對我們
作出回應的東西
我們都喜歡

徵女友

狗的戀情跟人類的或許不太一樣，但我們也會對特定的對象感到特別著迷。例如在散步時常常不期而遇的狗兒們，可能會互相吸引而墜入愛河。這跟性別和品種無關，即使是性別相同的狗狗，或是對於飼主都可能產生情愫。其中，善於交際的狗狗，由於對他人的好奇心較旺盛、交際範圍甚廣，所以也很可能成為「多情犬」。

不過如果剛好碰上發情期就另當別論了。在這個時

喜惡篇

Q.05

狗狗
也會談戀愛嗎？

A.

善於交際的
狗狗很容易
墜入愛河

期公狗會和任何母
狗發生性關係，而
母狗基本上是不會
拒絕的。這就是動
物無可抗拒的原始
本能。

喜惡篇

Q.06

狗狗也有
「受歡迎」跟
「不受歡迎」的
區別嗎？

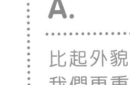

A.

比起外貌
我們更重視
態度

在我們跟人類共同生活前，在群體中強大的公狗會受到眾多母狗的青睞。但是，現在比起體格上的強弱，我們更在意是否投緣。時常碰面、一

起遊玩的狗狗很容
易就變成好朋友。

此外，在狗狗的世
界裡眾所公認的人
氣王就屬有禮貌的
紳士淑女型。平日
的寒暄打招呼當然
不可少，最重要是
不會莽撞地闖入別
的狗狗的地盤，這
種狗狗因不具威脅
性，因此也很容易
交到好朋友。

反之，態度太
過強硬或太纏人的
狗狗，即使很強壯也
會令別的狗心生畏
懼或反感。這樣說
來，是不是跟人類
的世界很相似呢？

A.

如果主人
喜歡音樂的話
我們會更喜歡喔

人類聽到旋律很棒的音樂就會很有精神，聽到古典音樂心裡就會很平靜；我們也是一樣喔。聽到像時鐘般呆板且一成不變的旋律時會很想睡

退我們的寂寞喔。
們一樣，同樣能消
聽，就像有人陪我
常聽的音樂給我們
的時候只要放主人
會很開心囉。看家
特別好，我們當然
變好，就會對我們
主人聽了音樂心情
歡。那是因為只要
狗狗大概都會喜
主人喜歡的音樂，

但是只要是

己的喜好喔。
樣，對音樂也有自
很舒暢。跟人類一
音，心情會一整個
風吹動樹葉的聲
覺，聽到海浪聲或

狗狗是不是都不喜歡被摸尾巴？

不只是狗狗，或鼻尖也會嚇一跳下會咬人，所以要所以我們不希望人只要是動物，肢體一樣。尾巴突然被摸我們的話要溫柔類用力抓或拉扯我的末端部位都特別抓住，就算對方是一點。們的尾巴。敏感。我們和人類喜歡的人，我們也而且，尾巴對一樣，被熟識的會被嚇到，更不用我們狗狗來說很重人觸碰是沒什麼關說是陌生人，我們要，它具有保持身係，但就像人類如是絕對無法忍受體的平衡、表達情果突然被抓住指尖的，說不定情急之感和溝通的功能，

A.

我們很樂意
被所愛的人
溫柔地撫摸

喜惡篇

Q.09

狗狗只要
被嚇過一次，
就一輩子忘不了嗎？

A.

狗狗會藉著
場所和氣味
而回想起恐怖的經歷

就是為何有時人類看來沒什麼的事，狗狗卻會突然怕得不得了。

但是，當我們突然感到焦躁難安時，人類們請不要也和我們慌成一團喔。因為如果人類也表現出害怕的樣子，就會讓我們更堅信那是個很恐怖的東西，會變得更加不安。如果我們真的被嚇到了，主人這個時候請保持冷靜，用溫柔的聲音來安撫我們吧，讓這件事情不會在我們心裡產生揮之不去的陰影。

當然會依情況而定，但有時已經全然忘懷的恐懼感，會因恐怖事件發生當時相同的氣味、場所和聲音，而讓我們想起不好的回憶，人類有時也會這樣，不是嗎？這不去的陰影。

不只是人類，任何動物都會有壓力。人類以外的動物也有感情。欲求不滿、生病和受傷帶來的痛楚，或是被主人冷落的孤獨感等等，都會成為我們壓力的來源。

如果長期得不到他人的關心，讓壓力一直累積下去，狗也會發生心理不程度的抗壓性，但狗也會發生心理不平衡的狀況喔。

雖然動物也有一定程度的抗壓性，但

A.

當然。
處於長期的壓力下
也會讓我們出現
異常的行為喔

A.

或許是
長久以來
的宿命吧
但我們並沒有
特別討厭貓咪

遠古時期的狗狗必須靠狩獵來確保自己的食物，至今也有些狗狗仍以狩獵維生。因為這個習性，讓我們養成看到「移動的小生物」時，就會本能性地去追。

而對方因我們的追趕而拔腿逃跑的反應，更加強了我們追逐的樂趣。

和貓咪同住在一個屋簷下，我們是能和平相處的！

不過貓是一種很神經質的動物，如果要與狗同時飼養的話，最好從小貓開始養起比較好。

喜惡篇　Q.12

狗狗會害怕巨大的聲響嗎？

A.

我們會怕打雷和煙火聲音這時請跟我們說：「沒事的。」讓我們安心

狗狗很不喜歡東西突然爆裂的聲音，雷聲和煙火對我們來說是很恐怖的。而且，因為人類也會害怕這個聲音，所以會讓我們更加不安，有狗狗甚至會陷入恐慌狀態。這個時候，飼主請自己先保持冷靜後，再來安撫我們。其他像吸塵器的聲音，也會嚇到我們，所以必須先讓我們習慣這個聲音，讓我們知道那聲音一點也不可怕。

A.

我們在黑暗中也能看得見所以夜晚對我們來說一點也不可怕

喜惡篇　Q.13

狗狗晚上會怕黑嗎？

大家應該有看過在黑暗中，我們狗狗眼睛發亮的樣子吧。我們的眼睛有反射光線的構造，所以在光線不佳的地方還是可以即使看得見（詳見P194）。雖然如此，我們也跟人一樣，夜晚的視力比白天差，有任何風吹草動就很容易受驚，所以晚上想呼喚或撫摸我們時儘量輕柔一點，不要嚇到我們喔。

狗狗的肢體語言

狗不會說人話，
所以都是靠身體來表達自己的想法。

養過狗的人都知道，愛犬被稱讚時會滿心歡喜，碰到討厭的事物時會感到心情鬱悶。狗狗當然也是有感情的動物，而這些情感會

狗狗的想法會表現在這些部位

耳

確認耳朵前後的位置

警戒中的狗狗會豎起耳朵傾聽周圍的聲音。攻擊預備時會將耳朵朝向前方立起。耳朵往後傾代表狗狗很開心，但有時也代表緊張狀態下恐懼的心情。

背

背的高度是重點

處在優勢狀態時，為威嚇對方，背的位置會提高，處在劣勢狀態或恐懼時，背的位置會降低。

尾巴

觀察尾巴的高度和擺動方式

因犬種的不同形狀也會有所不同，所以有時也很難區分。一般而言狗狗翹起尾巴時代表自己優勢的狀態；以尾巴下垂來表示心情上的鬱悶或恐懼。此外，如左頁所示，狗狗也會用尾巴的擺動的方式來表達自己的情感。

聲音

注意聽狗狗的叫聲

狗狗開心的時候會用明亮輕柔的「汪汪」叫聲，生氣或警戒時會低聲呻吟發出「嗚～」的聲音。

透過表情和動作表現出來。

此外，狗狗表現出來的表情和動作不只用來回應。狗的祖先—狼是群居的動物，和人類一樣過著團體生活。在群體中，同伴間的溝通是很重要的一環，所以他們會藉由肢體語言來進行對話。

對狗狗而言，飼主一家就像群居團體的同伴一樣，所以會用與生俱來的肢體表達能力，積極地與飼主進行溝通。

搖尾巴除了表示開心也包含其他情緒

無力地擺動

尾巴低於腰部、沒自信地擺動時，是表示狗狗不知所措、猶豫不決的心情。

小幅度地擺動

尾巴小幅度地左右擺動時代表狗狗很興奮。若尾巴在搖動時毛同時豎起，是狗狗緊張狀態下提高警戒心的表示。

連同屁屁大幅度搖動

腰部以下的部位連同尾巴一起擺動時，代表狗狗非常開心。也是表現「愛」的一種方式。

速度慢且大幅度擺動

向對方表達親密的情感或展現自信時，都會以這種大幅度地搖擺尾巴來傳遞情緒。

攻擊性、恐懼感的表現方式

＋攻擊性

耳朵向前傾、皺起鼻子，張開嘴巴露出犬齒，並發出「wow～」的警告聲。

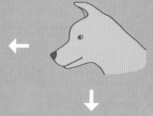

完全沒有攻擊性和恐懼感，也就是所謂的平靜狀態。但因耳朵稍微前傾，所以還是有一點警戒的意味。

＋恐懼感＋攻擊性

在面臨到害怕卻不得不面對的窘境時，狗狗會將耳朵向後、皺鼻並放聲怒吼。

＋恐懼感

對對方感到恐懼威脅時，耳朵會壓低靠向後方，嘴唇水平向後拉並發出「嗚～」的呻吟聲。

邀請飼主一起玩的姿勢

狗狗不論到幾歲都很愛玩，
在此介紹狗狗想玩的時候會表現出的動作。

很多動物藉著遊戲來學習社會規則，尤其狗狗，不管幾歲玩心還是一樣重。狗狗會用很

招手的姿勢

好像在對主人說：「理理我嘛！」似地，舉起單腳碰觸飼主的身體。

鞠躬的姿勢

頭壓低，背呈現弓狀抬頭看主人，並小幅地前後跳動，也有很多狗狗會連腰也一起擺動。

多動作來邀請對方一同玩耍，這些動作基本上表現出一種社會性的服從態度。簡而言之，邀請對方一起玩，就是向對方傳達「我對你毫無敵意」的想法。

但是，和一般的服從行為不同，這些以遊玩為目的的服從行為並不是依狗狗的優勢順位來決定的。例如成年的狗狗對小狗、強勢的狗狗對弱勢的狗狗，都可能會特地採取這些動作，來邀請對方加入遊玩行列。

完全服從的姿勢

四腳朝天，將腹部完全露出。肚子是狗狗身體中最脆弱的部份，露出這個部位就表示牠毫無敵意。服從性強的狗狗，在做這個動作時小便會不小心漏出來。

身體接觸

身體靠近主人，並用舌頭舔主人的臉或嘴角來向飼主撒嬌。狼就是藉舔母狼嘴角這個動作來撒嬌或進行溝通。

全力奔跑過來

耳朵往後，嘴巴張開，壓低身體奔跑過來。這就是在訴說著：「你不在我好寂寞喔～陪我玩嘛！」停下來常常擺出鞠躬或四腳朝天的姿勢。

請注意！
狗狗壓力的警訊

狗狗和人類一樣會有壓力，
如果出現以下這些動作，就要注意喔！

狗狗雖然不能開口說：「啊～煩死了！」但取而代之會用以下這些動作或行為，來表示牠壓力的徵兆。如果不多加注意的話，這些動作就會變成一種習慣，甚

基本的壓力警訊

身體變僵硬

身體全身緊張地發抖，或是眼睛張開、瞳孔放大、黑眼珠變得異常明顯。

呼吸急促

露出舌頭「哈～哈～」地吐氣是狗狗為調節體溫所做的動作，但如果天氣不熱卻出現這個動作的話就要注意牠的健康狀況了。

如果發現這些動作也要注意喔！

- 黑眼球變大
- 眉心和嘴角後的皮膚出現皺紋
- 耳朵往後垂
- 白眼球變明顯
- 打呵欠
- 動作變得畏縮
- 腳底發汗
- 尾巴下垂
- 閃避主人
- 舔自己的嘴角
- 不斷地眨眼
- 過度地向主人撒嬌
- 大小便不順暢
- 焦躁不安

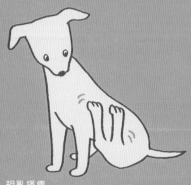

胡亂搔癢

身體明明不髒，也沒有跳蚤和虱子，狗狗卻對身體特定部位不斷地抓癢。

至不做就會感到不安，發展成一種強迫症。

此外，慢性的壓力會降低免疫系統功能，成為許多疾病的根源，例如食慾不振及慢性腹瀉等等。

精神壓力的來源，大部份都是運動不足或缺乏關心等等所引起。因此平時就要增加狗狗的運動量，讓精力得以發洩；並且常跟牠說話，培養感情，使狗狗的欲求不滿得以消除。

持續地舔身體某部份

激烈地舔身體的某個部位，造成脫毛、皮膚病等現象。一般來說，舔前腳的狗狗特別多。

不停地挖洞

持續地挖庭院的泥土，即使趾甲裡積滿了泥土還是不停地挖，也有狗狗會挖到腳受傷也不停下來。

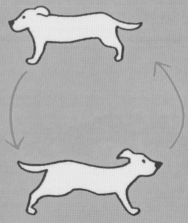

在同一個地方轉圈圈

在同一個地方不停地轉圈圈，也有狗狗會追著自己的尾巴跑。

一定要看懂
狗狗的「安定訊號」

1991年新發現的狗語言，
是一種為使對方鎮定而發展出來的訊號。

狼會用一種叫「cut off signal」來阻絕對方的攻擊性。長年以來，一般都認為這是狼獨有的習性，但到90年代卻發現狗也有同樣的動作，與

基本的壓力警訊

晃動身體

身體並沒有弄濕，卻不停地搖動。這是為了消除不安和緊張的行為，也是為了向對方表示自己並無敵意的舉動。

別過頭去

對方突然迎面而來或直視狗狗眼睛時，狗狗會覺得受到威脅而感到不安，將眼睛轉開表示自己並無敵意。

舔自己的鼻子

狗狗在不安時，為使自己鎮定下來，常會舔自己的鼻子。突然被人類觸摸或被主人厲聲斥嚇時，都會出現這個動作。

聞地上的氣味

對方迎面而來因而使狗狗感到不安時，向對方表示自己並無敵意的動作。狗狗被飼主直接用強硬的語氣命令時，也會出現這動作。

同伴傳達訊息。

這些「安定訊號」(claming signal)，就是讓自己和對方冷靜下來，建立友好關係的訊號，目前已有30個訊號，目前已有30個訊息獲得證實，是狗狗表達情緒的訊號。

雖然有時也不太能確定狗狗是否真為了傳達「安定訊號」才做出這些動作。不過，只要能用心觀察，飼主也能善用這些訊號，來加深與狗狗間的溝通喔。

表現友善的訊號

繞圈和對方擦身而過

在看到生面孔的狗時，會互相繞個圈和對方擦身而過，來向對方表示自己並無敵意。

坐下

當其他的狗靠近時，向對方表示自己毫無敵意的動作，也有讓雙方都鎮靜下來的作用。

輕手輕腳

狗狗容易對激烈的動作感到恐懼，因此當狗狗看他其他的狗時，為了不刺激對方，常會作出這動作。

想讓對方冷靜下來的訊號

趴下

優勢的狗狗為了要讓處於劣勢的狗狗安心時做的動作。如小狗們玩耍時，母狗就會做出這個動作。

背朝對方

被其他的狗狗咬，或被主人罵時，突然轉到旁邊去的動作，目的是為了冷卻對方激動的情緒。

打呵欠

對方情緒激動或不安時，狗狗會打呵欠，希望對方冷靜下來。當家人吵架、被罵時也會出現這動作。

行為篇

Behavior

有時歪頭、有時移開視線、
以為牠要跑走卻突然嘆氣。
狗狗們不可思議的動作和行為中，
到底隱藏著什麼涵意呢？

行為篇

Q.14

狗狗
為何會咬人？

A.

多半是
為了自衛
但有時是在撒嬌

人類在討厭物侵害而咬人。

的人事物接近時，會下意識地保護自己；我們狗狗也一樣，咬人這個動作通常代表「給我閃一邊去！」的意思。有些膽小的狗狗則是為了保護自己不受討厭的人事

幼犬常以輕咬主人的方式撒嬌，雖然只是為了博取對方的注意力，飼主被咬時，往往都會因為疼痛而做出反應。這種行為一旦狗準備一個耐咬的玩具給牠磨牙。

在出生4個月後會開始換牙，這時牙齒會發癢，會很想咬東西，記得幫狗

物侵害而咬人。

愛犬。此外，小狗在出生4個月後會開始換牙，這時牙齒會發癢，會很想咬東西，記得幫狗

地」的方式來教育牠。鎮定下來時才理時完全不予回應，最好刻意以「被咬這種行為時，飼主遇到狗狗做出

造成很多麻煩。著狗狗成長，就會這個壞習慣一直跟的既有觀念。如果主人就會理我。」

人類在有疑問時也會歪頭。我們們：「要不要去散步啊？」，我們就得奇怪而歪頭。特有意想不到或不了會高興到覺得不敢解的事發生時，就別是對於音調較高相信而歪起頭來，的聲音，或是人捲會歪頭。這個動作起舌頭發出的「嚕也表示我們對某事「我很期待」的意思。還有就是在聽物特別有興趣喔。

例如主人問我到從前沒聽過的聲音時，我們也會覺得奇怪而歪頭。特別是對於音調較高的聲音，或是人捲起舌頭發出的「嚕～」聲，也會做出歪頭的反應。

A.

跟人類一樣
只要遇到
意想不到的事發生
就會歪頭

A.

在遺憾或安心的時候
都會發出「呼~」的聲音

怎麼了?……

當人心中有處也沒撈到時,心痛苦或擔心的事想:「哎呀,真可惜!」;看到主人回家,覺得非常高興、肚子吃飽飽感到非常滿足的時候,我們都會「呼~」地大大嘆口氣。

當你覺得「狗狗怎麼又在嘆氣心想:「怎麼可以這樣!」主人在察一下我們的表情,就可了解我們當時的心情了。

例如當主人正準備要帶狗兒去散步時卻臨時不能去,狗狗也會了?」時,好好觀吃飯時我們乖乖在旁等,卻什麼好

時、洗個澡放鬆或安心滿足時都會嘆氣吧。狗狗也一樣喔,會因各種不同的狀況而嘆氣。

行為篇

Q.17

狗狗
為何會追著
自己的尾巴跑？

A.

有很多原因
也有可能是心病的象徵

狗狗之所以會追著自己的尾巴的原因有很多，大部份都是心裡因素所形成的。可能是由於焦躁不安、一個人看家，看到主人回家興奮過度，或屁屁覺得癢癢的緣故。狗做出這個動作，會因當時的心情狀況，而有各式各樣的理由。

所以，當你看到自家的狗兒追著自己的尾巴跑時，請先觀察一下狗狗當時的心情。有時我們也會因為過於無聊而玩自己的尾巴，有可能是希望飼主能陪牠玩，或是給牠一個玩具。

如果狗狗幾乎是想要把自己的尾巴扯爛地追著它的話，就有很可能是因壓力過大而造成的心病，這時候盡快就醫，請醫生檢查問題出在哪裡。

Q.18

尾巴
搖這麼久
不會累嗎？

我們狗狗會或開心的時候，尾巴時，就會把尾巴豎巴縮到肚子下方，以搖尾巴的方式來巴整體會緩慢地搖起來。或是豎起尾巴小幅表達自己的心情。動；相對地，當緊不同的變化。真的有很多地擺動時，就會因注意觀察的話，就張不安時，尾巴就興奮或開心為肌肉長時間處於會發現我們的尾巴會捲到肚子下方；時，不管怎麼搖我緊張的狀態，而感有很多不同的擺動興致高昂，或想採們都不會感到疲到疲累。方式。例如：興奮取先發制人的攻勢累；但如果是把尾

A.

高興或
興奮的時候
完全不會
覺得累喔

A.

可能是覺得開心或是身體癢
有很多不同原因

我們會在地上想消除身體因潮濕而發癢的感覺，或是為了除去身上的肥皂味。天然體味對我們狗狗來說，可是重要的魅力來源，所以我們不喜歡改變身上的味道。此外，有些狗狗會將動物的屍體或便便沾到自己身上，據說這是因為將未知的氣味沾染到身上，可以讓牠很生氣，這是因為們感到安心之故。

打滾、磨蹭身體，並不是在鬧彆扭或耍賴，請先不要罵我們。在草地上玩的時候，主人看到的時候，可是重要的魅力來要時出現磨蹭身體的動作，是因為過於興奮；身體發癢時，為了止癢我們也會在地面上磨蹭。有些狗狗剛洗完澡就會在地上磨來磨去，惹得主人

舔飼主的臉，是我們狗狗用來傳達「愛」的方法，希望能跟主人更加親密的表徵。此外，這也沿襲了我們的祖先—狼的習性。小狼肚子餓的時候會去舔母狼的嘴角，表示：「我要吃飯飯。」再者，在群體中階級較低的狼，也會藉著舔公狼的臉來表示親密。

雖然有時候我們的目標是在人類沾在嘴邊的食物，但對於不親的人，我們是不會隨便舔對方臉的，這樣的

行為篇

Q.20

狗狗
為何會
舔人類的臉呢？

A.

「舔」可是我們
表達感情的
重要方式喔

舉動只會向信任的人做，所以可以將這個動作歸類為對主人愛的表現。

行為篇

Q.21

為什麼一對看
狗狗就會
把視線轉開？

A.

我們不擅於
跟他人眼神接觸

我們不是在我們不太擅於跟他人眼神接觸，即使對象是我們最愛的主人也不行。如果第一次見面就一直被盯著眼睛看，我們會覺得對方在挑釁，所以遇到陌生的狗狗時，最好先避開眼神上的接觸，伸出友善的手讓我們聞聞你的氣味，這樣我們才會感到安心。

害羞喔。對我們來說，和對方眼對眼互看，並不是一個很正常的狀態。通常是和敵人對峙，陷入僵局時才會出現這種行為。所以

為什麼狗狗
散步時
會吃路邊的野草呢？

A.

這是為了要
抑制住
反胃想吐的感覺

事實上，我們花草甚至會導致狗狗生病或死亡。因此，如果你家狗狗有吃草的習慣，為牠的消化系統有問題，為了保險起見，最好帶牠到醫院去做檢查。至於真的食用。

很容易消化不良，狗多方法都改不掉這個習慣，很可能是販售的貓食用草，這種是為寵物栽培的草，乾淨又衛生，能讓狗狗安心

而習慣在反胃想吐時，吃路邊的野草有吃草的習慣，為牠的安全著想，最好趕快讓牠戒掉

以舒緩不適。但並不是所有的草都能

食用，某些種類的這行為。

如果試過很很愛吃草的狗狗，也可以餵食市面上

行為篇

Q.23

為什麼狗狗在散步時會一直尿尿？

A.

這就是為了要證明自己存在的「做記號」行為

在散步時頻頻小便，就是所謂的「做記號」（marking），是我們狗狗間用來聯繫的一種手段，特別容易出現在雄犬身上。

狗狗藉著做記號來對周圍的狗狗宣誓自己的存在和勢力範圍，如「我是這樣的狗狗喔！」或「這是我的地盤！」等，也藉此了解其他狗狗，表現身材高大，為了表現威嚴的狗狗常會用盡力氣地把腳抬到最高，甚至有些狗狗已經尿不出來了，卻還一直擺出做記號的動作。至於生病或老邁的狗狗，就會放棄尿尿做記號的習慣。

狗。我們並不是因為有便意才做出這個動作，所以散步時可以尿好幾次。

而且，不同的宣示方式，代表著狗狗想表達的意涵。尿尿位置較高的狗狗，表示身材高大，為了表現威嚴的狗狗常會用盡力氣地把腳抬到最高，甚至有些狗狗已經尿不出來了，卻還一直擺出做記號的動作。至於生病或老邁的狗狗，就會放棄尿尿做記號的習慣。

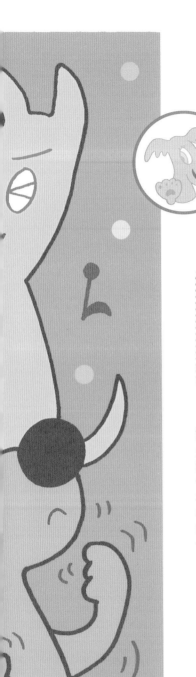

Q.24

....

狗狗
也會唱歌嗎？

A.

....

我們長聲嚎叫的習性
聽起來就像「唱歌」吧

我們狗狗有一種本能吧。此外，除了的習性。那是沿襲自我們的祖先──狼過著群居生活時，在廣闊的山野中，常以長聲嚎叫互相告知同伴：「我在這裡。」的習性。

狗的叫聲外，汽笛聲、鋼琴聲、電視歌唱節目的聲音，有時聽起來也好像在呼喚我們一樣，所以不知不覺我們直到現在只要聽到其他狗的叫聲，我們還是會習慣性地做出反應。這可以說是我們狗狗的一種愛「長聲嚎叫」就會汪汪叫做出回應。聽在人類耳裡，大概就以為我們也在唱歌。

我們的祖先藉追捕鳥類或會跑的動物維生，這個習性至今仍存留在我們的生活中。雖然我們已經不再捕捉鳥類或動物來食用，可是看到會動的東西，還是會不知不覺地去追趕，我們的狩獵本能會在這追捕的過程中被喚起。

而球的移動方式又快又有彈性，和動物的行動很相似，所以我們總會不自覺地引發出本能，使命的追著球。而且含著球回到主人身邊時都會

行為篇

Q.25

狗狗為何
總愛追著球跑呢？

A.

那是由於
狩獵本能的驅使
所做的行為

被誇獎，這也是讓
我們很高興的原因
之一。所以我們常
常希望主人能夠和
我們玩球，就能常
常獎賞我們喔。

行為篇

Q.26

每種狗狗
都很會游泳嗎？

A.

有很會游的、也有不會游的
要依犬種而定

在電視上常看到狗狗精湛的泳技，甚至也有一種游泳方式被人們稱之為「狗爬式」，所以一般人很容易認為狗狗們都是游泳專家，但事實上還是依狗的犬種而異。

例如短腳臘腸狗和扁臉的法國鬥牛犬，這類的狗狗因為體形的關係並不擅長游泳。而黃金獵犬這類愛玩水的狗狗，即使是泳技精湛的狗狗，把牠放到海裡游泳還是很危險的，所以在玩樂之餘還是要注意牠們的安全喔。

在電視上常看到狗狗精湛的泳止牠，牠看到水還是會情不自禁地跳下去。

雖然如此，狗狗也不是與生俱來就很會游泳喔，那是在練習中慢慢精進的成果。但是，即使是泳技精湛的

Q.27

狗狗
用奔跑
來消除壓力嗎？

A.

那是為了滿足
我們本能上的慾望

狗狗最喜歡跑步了。那是因為我們狩獵的本能中，包含了「追趕獵物」這個項目，因此奔跑可滿足我們本能上的慾望。而且盡情活動身體，開心和滿足的情緒能刺激我們腦中一種叫「腦內啡」的物質分泌，使我們的心情更加暢快，跑步的慾望也與之劇增。心情舒暢，

狗狗最喜歡跑步，沈重的壓力頓時煙消雲散。

相對地，當運動量不足，累積在體內的慾望和壓力找不到宣洩的出口時，就要小心我們會以胡亂吼叫或破壞東西的方式來抒發情緒。所以要讓我們的消除我們的壓力，記得常帶我們去運動玩耍喔。

奧林匹克的
賽跑選手和狗狗
誰跑得
比較快呢？

如果人類的奧林匹克運動大會也讓狗狗參加的話，金牌搞不好都會被我們搶走喔。當然有些狗也不是很有阿富汗獵犬和蘇俄擅長跑步，例如臘腸狗和馬爾濟斯這類的寵物狗，大部份都腳短身體小，跑得不快。

但像灰獵犬、阿富汗獵犬和蘇俄牧羊犬這類身材修長的狗狗，可是跑得很快的喔。這些牠們6秒左右可跑完100m，連奧林匹克的選手100m也要跑個9秒多，這樣的速度你說是不是很快呢？

狗狗都是專門狩獵的獵犬，如果跑太慢的話就會讓獵物跑掉，所以牠們的速度可說是相當快是很快呢？

A.

跑得快的狗狗
足以享有拿
奧林匹克金牌的殊榮

Q.29

狗狗為何會
企圖挖沙發呢？

A.

昔日的記憶作祟
讓他們想在洞穴中來躲避寒暑

這是我跟人類共同生活前殘留的習慣。只要找到一個安全的地方，就會用爪子挖個洞，進到洞內裡，夏天可以躺在冰冷的地面上，冬天可以躲避寒風，耐過寒暑。挖洞之後，我們還會將身體捲成一團，坐在洞裡當狗狗有這種行為成讓自己最舒服的好了。

這是我跟人類共同生活前殘留的習慣。

過去的習慣一直留傳至今，我們常會在睡覺前或想休息的時候去挖沙發，這也是從前養成的習性所致。

此外，也有狗狗想把自己的寶物藏起來時，或無聊時也會破壞沙發，所以當狗狗有這種行為看看身體放不放得進去，不行再挖，怪我們，必須要理解這是天生的習性，直到把洞穴調性，再慢慢改正就驟，不斷重覆這個步解，先不要急著責時，先不要急著責。

行為篇

Q.30

狗狗
也能穿人的
襪子嗎？

A.

我們的腳底相當敏感
不要隨便給我們穿鞋襪

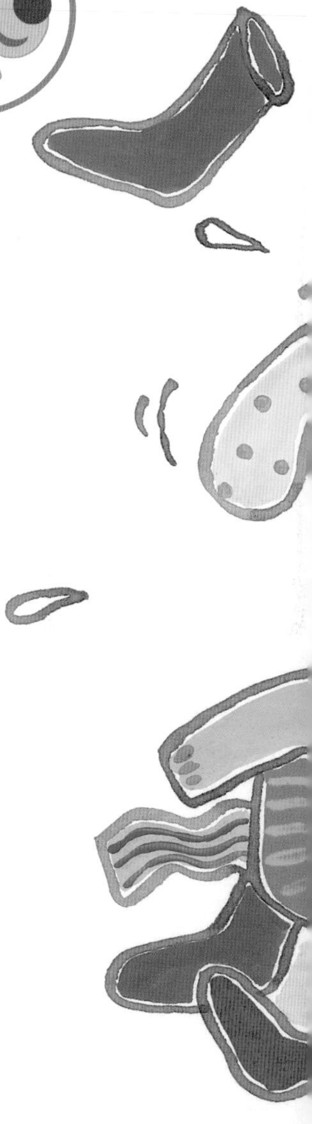

狗狗腳底有幾個厚厚的肉球，這子，但那可是狗狗的地方會穿上襪子專用的襪子喔，不有同樣的功能，也些肉球跟球鞋鞋底但不影響我們腳底就是能減輕地面對原有的功能，還能腳的衝擊和止滑。保護腳底不受傷。因為這個肉球就是對我們來說，腳底我們的襪子，所以具有很重要的功當人類用襪子擋住能，是個相當敏感這個肉球，我們就的部位。所以要我法感覺地面，變得們習慣穿襪子也蠻很難走。花時間的，最好是

我們的同伴──在特別的時候再讓救災犬有時在危險我們穿喔。

白天明明就
一直在睡，
為何晚上
還能睡得這麼熟？

在人類看來，知覺並沒有睡著們，為了狩獵而需要充足的睡眠以儲備有力氣捕捉獵物，淺眠是一個很有效的方法。想知道我們的睡覺方式，請參考下一頁。

我們好像整天都在睡覺，但其實我們只是在打瞌睡而已，即使眼睛是閉起來的，可是對週遭的聲音還是可以隨時反應，我們的喔。像主人回家時，我們都馬上知道，就是最好的證據。

我們會在白天打瞌睡是有原因的喔。遠古時代，以狩獵維生的祖先為了保護自己，不受外界的傷害，也為了在大自然裡，如果睡得太熱，警覺性相對就會降低，聽不到周圍的聲音是很危險的。

請參考下一頁。

A.

白天只是打瞌睡
雖然眼睛閉著
但還是有知覺的喔

行為篇

Q.32

狗狗
也會做夢嗎？

A.

不但會
做夢
有時也會
說夢話喔

事實上，我們休息，身體還是保持在緊備狀態下。所以只睡眠，和人類一樣，是屬於深沉的REM睡眠。有一點聲音我們就要有一點聲音我們就會馬上驚醒。這是因為我們的祖先必須隨時提高警覺，注意有沒有獵物或敵人靠近，而遺留至今的習慣。

狗狗也會做夢。雖然一天睡眠較長，約12～15小時，不會馬上驚醒。這是因為我們的祖先必須隨時提高警覺，注意有沒有獵物或敵人靠近，而遺留至今的習慣。

過生理時鐘跟人類完全一樣，到了夜晚會睡得很沉，但其中有80％屬於NREM睡眠，也是就腦部雖然在休息，身體還是保持在緊備狀態下。所以只睡眠，我們會在這段時間做夢。有時也會說夢話。有機會的話，聽我們的夢話，來猜猜看我們正在做的是什麼樣的夢吧。

剩下的20％，

Q.33

狗狗
也會尿床嗎？

A.

幾乎不會
但小狗
如果尿床
就要小心囉！

人類的孩子在小時候都有過尿床的經驗，但我們狗狗幾乎不會。就算有，也是老狗才會，那是因為年紀大了，控制膀胱運作的肌肉老化所致。這是沒有辦法靠意識控制的自然現象。

相對地，幼犬時期如果一直尿床就要注意了，這可能是疾病或先天性畸形所致，要趕快去醫院檢查。

狗狗為何
轉個圈圈後
突然躺下來呢？

在同一個地方打轉，是從小型犬到大型犬都會有的動作。這也是狗原有的習性。當我們的祖先過著山野生活時，為了睡個好覺，都會事先把環境整頓好，所以在子來整頓地面，讓睡覺前都會習慣一頭有地方放。睡覺然也會想找個舒服的地方睡覺囉。

泥土和野草踩平。

除了轉圈圈能放鬆休息的地方當然是非常重要。

大部份時間，找個跟人一樣，狗狗當然也會想找個舒服的地方睡覺囉。

邊打轉一邊把周圍佔狗狗一天生活的

A.

這是為了能
睡個好覺
是以前開始
就有的
習慣喔

行為篇　**Q.35**

為什麼狗狗 無法好好喝水呢？

A.

這是因為我們的舌頭 構造和人類不一樣

我們並不是就是為何比較笨拙故意的，狗狗的舌頭構造跟人不太一樣。人類在用吸管喝東西時可以將舌頭向中間捲起，但我們卻做不到。

我們在喝水時，會將舌頭向後捲，正好跟舔人時的方向相反。這也

的狗，總會在喝水時，把容器周圍弄得濕濕的原因。另外，嘴巴周圍毛太長的狗狗，喝水時也會因為不小心將頭的毛浸在水裡，而滴得到處都是。請主人體諒一下囉！

A.

那是因為 興奮過度 的關係啦～

行為篇　**Q.36**

狗狗為何會 突然衝出來呢？

狗狗之所以會猛力衝出，可能是因為開心、興奮或想要消耗多餘的精力。這時我們一心只想「向前衝、向前衝！」。腦袋呈現一片空白，所以這時候不論跟我們講什麼都沒用，就算阻止我們也是在浪費時間。還是等到我們冷靜下來後，再試著跟我們溝通吧。

「跑步」對狗狗有何意義？

狗狗天生就是個跑步愛好者。
牠們為什麼總是停不下來呢？
讓我們來探討一下跑步對狗狗的意義吧。

「跑步」這個行為，是陸上的動物最基本的運動。而且，昔日過著群居的狩獵生活時，跑步更是狗的捕捉獵物本能中的行為

狗狗的跑步方式有兩種

　　狗和馬一樣，是四隻腳的動物，所以根據腳部的不同動作，走路和跑步的方式也有好幾種形式。慢跑時前腳和後腳會交錯移動，順序是右前腳→左後腳→左前腳→右後腳。「小跑步」（trot）時左前腳和右後腳、右前腳和左後腳會呈對角線式地張開；竭盡全力快跑時，會如同上圖一般，前後腳並行運作，這種跑步方式叫「疾馳」（gallop）。

動力。

　狗狗和人類一樣，只要一運動，腦內就分泌一種叫腦內啡的物質，也稱作「腦內嗎啡」，這種物質會帶來快感，當分泌到達一定程度時還有緩和疼痛的作用。這個止痛的效果也帶來快感和恍惚感，也就是所謂的「running high」狀態。

　沉迷於奔跑的狗狗，也可以說就是處於這個狀態中。之所以熱愛跑步，大概就是為了尋求這個快感。

增進跑步技巧的方法

　　本來，狗狗只會在追捕獵物時才會奔跑。突然把狗帶到寬闊的地方，就算給牠施加壓力，跟牠說「快跑啊！」狗狗無法馬上盡情投入地奔跑。就算是為了健康，還是讓牠自發性地運動比較好，相信人類也一樣吧。

　　剛開始時飼主最好和狗狗一同跑，或跑給狗狗追，但就大型犬來講，人的體力是比不上狗的，這時就要利用球和棒子這一類輔助道具，將它扔出去，並跟狗狗說：「去撿回來。」，讓狗狗藉著跑去撿東西發洩過剩的體力，而且飼主也不用那麼辛苦了。

　　此外，如果有感情很好的狗朋友，遛狗時可以一起行動，讓牠們一起追逐玩耍，也是不錯的方法。

跑步的好處和注意事項

　　跑步帶來的好處，不只在心理層面可消愁解悶和獲得成就感而已，也可以養成肌肉分布均衡的強健身體，促進心肺的循環功能。還能提高新陳代謝和免疫力，也有燃燒脂肪達到減肥效果等，生理層面上的優點也很多。

　　但是有些狗狗的髖關節不是很好，過度運動可能會讓病情惡化，所以帶狗狗散步時，盡量避開堅硬的水泥地，最好能選擇土地和草地之類對身體的衝擊較小的場所。

　　此外，也要注意切勿讓尚未發育完全的小狗做激烈運動。有些狗狗偏好悠閒地散步，對於不想動的狗狗也不要刻意勉強牠。

咬東西是狗狗與生俱來的慾望

狗狗咬東西看似是天經地義的事情，以下為您介紹，咬東西對牠們到底有什麼好處和需要注意的事項吧。

咬咬咬……
我最喜歡
咬東西了～

昔日，狗狗會食的主流，乾飼料拿哪些東西給牠咬用、狗罐頭都不需運才好呢？最好的選用到狗狗啃咬的本擇就是要比狗狗嘴能。因此，狗狗再巴稍微大一點的專食用，所以在狗的巴稍微大一點的專獵物，拉扯咬碎後用橡皮玩具，讓牠本能中本來就存在可以用前腳抱住啃著咬東西的慾望。滿足自己的慾望。

但是，現在狗飼料成了狗狗飲那麼，要滿足狗狗的慾望，要咬，並且方便狗狗能咬著活動。因為

狗狗樂於啃咬的專用玩具

益智玩具

裝入狗狗喜歡的小點心，在玩耍過程中小點心就會掉出來。可以訓練狗狗思考要如何吃到點心。

繩子

在啃咬的過程當中，棉紗裡的纖維可深入齒縫，有清潔的功效，遊玩同時達到潔齒效果。

安全玩具

橡膠材質的橡膠玩具，硬度夠又有咬勁，最好選擇比狗狗嘴巴略大、不會完全放進嘴裡的大小。

需要用全身的力氣，破壞家具。抱住玩具，所以也可以鍛鍊到狗狗的腿部和腰部肌肉。

此外，大部份的狗狗都喜歡啃主人的手來玩。小時候因為沒牙齒，不論牠怎麼咬都不會受傷，但若在這個時期慣咬牠的話，會讓狗狗以為人手是可以隨便咬的。

最適合給狗狗東西咬的時期就是小狗出生後3個月開始長牙時，或是在之後的換牙期。這段期間因為下巴周圍會發痛，為了要消除這疼痛的不適感，狗狗會很想咬東西。

此外，大部份的飼主在狗狗咬不可以咬的東西時會嚴厲責罵牠，咬可以咬的玩具時卻很少稱讚牠。這樣的行為會讓狗狗覺得玩具不好玩，而慣去咬能夠獲得主人注意的東西。所以當狗狗剛開始咬狗玩具時，記得要好好地稱讚牠，才能滿足狗狗本能中的慾望。

還有一個狀況是，主人被咬時，如果告訴牠：「不可以！」，聽不懂人話的狗狗不了解主人的意思，反而會因為能夠得到主人的回應而愈咬愈起勁。所以要讓狗狗改掉咬人的壞習慣，最好就是牠一咬人時，採取不予理會的態度，馬上離開現場，不再跟牠玩。

為了讓小狗狗擺脫長牙或換牙時的不適，最好給牠可以啃咬的玩具，這樣就可以避免狗狗不得已之下，轉而啃咬沙發或衣物。

給我一個可以咬的玩具嘛！

生牛肉

最能直接滿足狗狗咬東西的本能慾望的還是生肉，由於豬肉必須經過加熱處理，所以牛肉比較方便。

附繩子的球

這個玩具最適合狗狗和主人玩拉扯的遊戲。因為玩具繫著繩子，所以不用擔心狗狗不小心把它吞下去。

了解狗狗的想法！
選擇題

你真的了解狗狗們的想法嗎？
如果熟讀本書，
這些題目應該很容易才對。
趕快用選擇題來檢視一下吧！

答案寫在
下面的答案欄裡，
答不出來時
可參考左頁的提示。

Q.1 可以給狗狗吃的東西是？

Ⓐ   Ⓑ   Ⓒ   Ⓓ

Q.2 當狗狗感到困惑時尾巴的擺動方式是？

Ⓐ   Ⓑ   Ⓒ   Ⓓ

Q.3 狗狗身體的哪個部份最容易冒汗？

Ⓐ   Ⓑ   Ⓒ   Ⓓ

 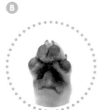  

Q.4 狗狗表達「來玩嘛～」時的訊號是哪個？

A
B
C
D

Q.5 洗澡時最適合的水溫是？

A
B
C
D

Q.6 哪一隻狗狗與其他非同一個類型呢？

A
B
C
D

ANSWER 把答案寫在這裡

A.1 ....

A.2 ....

A.3 ....

A.4 ....

A.5 ....

A.6 ....

提示

1 狗狗也有不能吃的東西喔

2 最沒精神的擺動方式是哪個呢？

3 人的身體構造中並沒有這部份

4 是安定訊息之一喔

5 最接近狗狗體溫的是？

6 其中三隻屬於玩賞犬喔

答案請翻至 P91

根據各個特徵來作答，
朝 100% 正確率邁進！
加油！
答案請填在答案欄裡！

了解狗狗的種類
圖文配對題

用狗的名字、臉、身體的一部份，
來猜狗狗的原產地。
哪張照片屬於哪隻狗狗呢？
這次可沒有提示囉！請加油！

英國 ⓐ

Ⓒ

Ⓑ

日本 ⓑ

Ⓐ

❶

法國 ⓒ

Ⓔ

❹

義大利

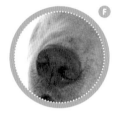

德國
波蘭

墨西哥

ANSWER 把答案寫在這裡

	臉（1〜6）	身體的一部份（A〜F） 原產地（a〜f）
黃金獵犬		
博美犬		
玩具貴賓犬		
柴犬		
義大利灰獵犬		
吉娃娃		

答案請翻至 P91

貼近狗狗的想法
著色畫

這是本書中出現過的插圖。
選擇喜歡的顏色，替它塗上色彩吧！

我們的插圖
要塗得漂亮點喔！
你能把它
變成一件藝術品嗎？

身體篇

Body

可以聽到遠處聲音的順風耳、能夠辨識各味道的靈敏鼻子。
還有尖尖的牙齒、軟軟的肉球。
認識狗狗身體各個部位的功能和構造，
成為自家愛犬的知音吧！

A.

在微暗的地方
是沒問題的
特別是會動的物體
我們更容易看見喔

我們狗狗的人類清楚。

我們的視力其實比人類差，但動態視力卻非常好，訓練出在昏暗處看東西的視力和捕捉動態物體的能力，所以發展出與人類來說很暗的地方，我們狗狗卻可以暢行無礙

前我們的祖先，多半都在昏暗的清晨和黃昏活動，漸漸眼、耳、鼻併用，所以能獲得更多資訊。也因此對人類

眼睛裡，有一種可以增強微弱光線，叫做「脈絡膜層」（tapetum lucidum）的反射構造。所以在昏暗的地方，可以看得比

即使是在昏暗處，只要有東西在移動，我們都能找得出來。那是因為以截然不同的視力。

我們狗狗的眼睛可以看得到顏色，有時以顏色來辨別事物。但是，我們看得到的顏色比人類少很多。人類和狗狗的視網膜裡都有一種專門辨色的細胞叫「錐狀體」。

人類的錐狀體有3種，可以分辨紫、靛、藍、綠、黃、橘、紅等顏色；但狗狗的錐狀體只有兩種。人類所看到的綠、黃、橘色在狗狗眼裡都偏黃；紫色和藍色都是藍色；靛色和紅色看起來都是灰

身體篇

Q.38

....

狗狗所看到的景物是
黑白的嗎？

A.

....

狗狗的眼睛
可以看到黃色、
藍色和灰色

色。也就是說，基
本上狗只能看到黃
色和藍色而已。

　雖然看得到的
顏色不多，但並沒
有妨礙我們辨別事
物的能力喔。我們
既可以分辨明暗，
也很擅長捕捉移動
中的物體。對我們
以狩獵維生的祖先
來說，動態視力遠
比辨色能力來得有
用，而且我們所看
得到的視野也比人
類寬廣很多（詳見
P132）。

A.

滂沱大雨時有點困難
但微微細雨可完全沒問題喔

下雨時，狗狗可不能像人類一樣會撐傘，不過就像人類，只要雨不要下得太大，眼睛還是可以張開一樣，我們狗狗在細雨中也可以張開眼睛。但是如果是傾盆大雨直接跑進眼睛裡，我們還是會忍不住想把眼睛閉起來。所以不是在任何情況下，我們都能把眼睛張開。

再者，對雨的喜惡，在人類世界中因人而異；狗也會因性格的不同，而有喜歡和不喜歡淋雨的狗狗。例如獵犬之類擅於游泳的犬種，在水中也能自由地張開眼睛；對某些狗狗來說，甚至連潛水來說，甚至連潛水也難不倒牠們，即使丟玩具到水裡面，還是可以很快地把它撿上岸。

Q.40

吃的食物不同，
便便也會
變得不一樣嗎？

A.

便便是了解
狗狗健康狀態的最佳方法

便便是身體從食物攝取過營養素和水份之後所留下來的廢物，所以吃的食物改變，排出來的便便也會有所不同。在狗飼料尚未普及時，狗吃的常常是人類的剩飯，因此狗便便的顏色、氣味、軟硬程度跟人類的相似度甚高。但是，現今乾飼料已成為狗食物主流，所以狗狗便便的質感變得跟泥土很相似。

此外，便便的狀態也會隨著腸胃等消化器官和身體狀態而有所改變。

透過便便是了解狗狗健康的最佳工具。所以如果發現狗狗的便便有異狀時，就要多加注意了。

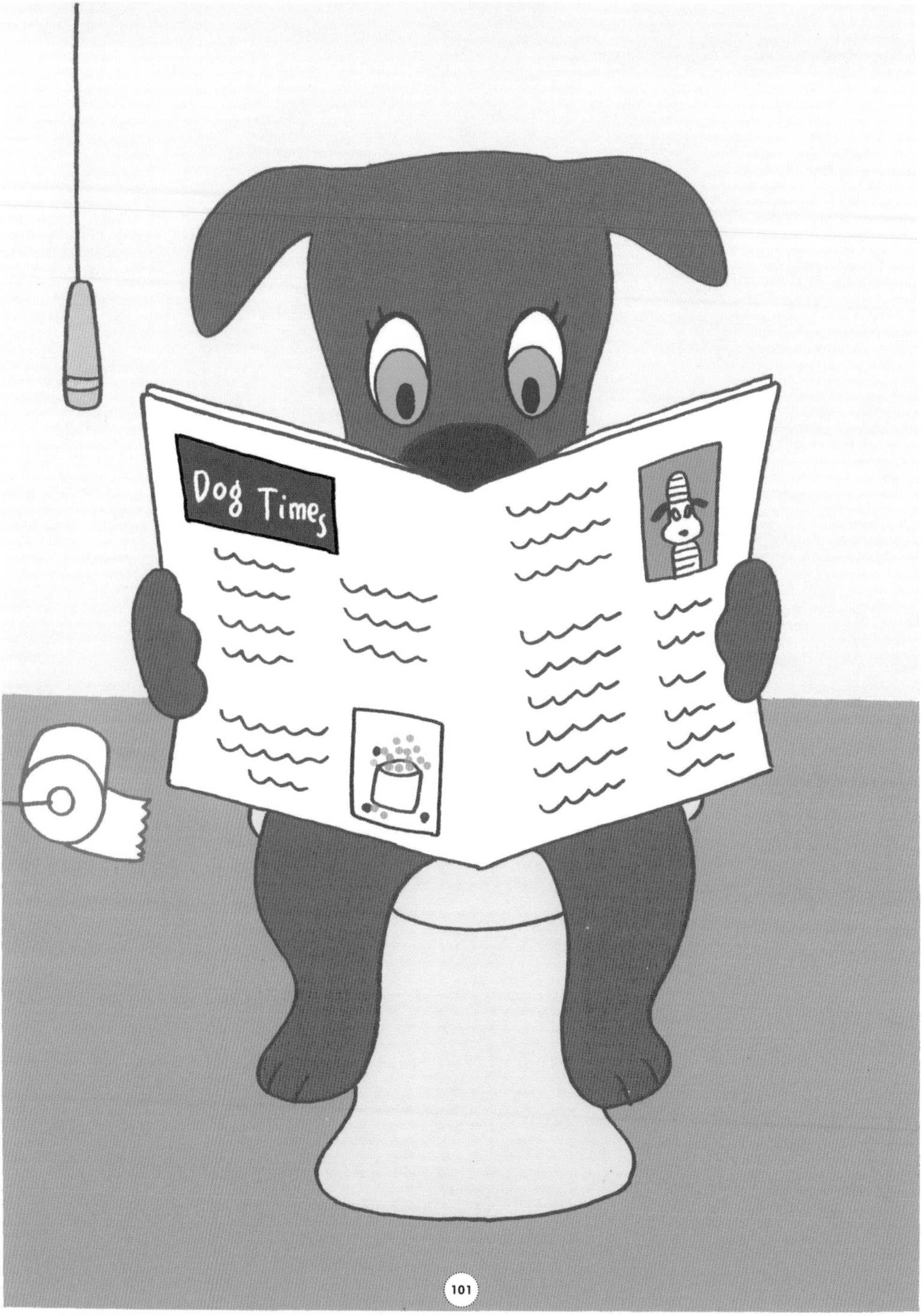
Dog Times

狗的聽覺非常地發達，可聽到的音量大小是人類的6倍，可感應的範圍是人類的4倍。此外，人類能辨識的音源方向有16個，而狗卻能夠分辨來自32個方向的聲音；人類可聽到周波數約2萬Hz（赫茲Hertz）的聲音，而狗狗卻可以聽到約4萬Hz，連超音波也能聽到，聽力非常驚人。

能夠在不被人類察覺的情況下，對狗狗發出指令的「犬笛」，就是利用狗和人聽力上差

身體篇

Q.41

狗狗
的耳朵
比人類靈敏嗎？

A.

就各方面而言
狗的聽力都比人類
靈敏上好幾倍

異的原理所設計出來的，犬笛所發出的聲音約3萬Hz，遠超出人類的聽覺範圍，所以只有狗狗可以接收到犬笛所傳達的訊息。

Q.42

狗狗
嗅東西時
為何鼻子會抽動呢？

A.

鼻子一直動
是為了
好好聞味道

我們狗狗以嗅覺靈敏聞名。氣味一進到鼻子裡，附在鼻內粘膜的嗅覺細胞就會察覺。人類擁有500萬個這類型的細胞；狗狗多達2億個。

就粘膜本身的面積而言，人類為0.5平方米，而狗則廣達7平方米，就是生理結構上，就比人類發達好幾十倍。

為了善用這種得天獨厚的嗅覺能力，人類讓我們擔任警犬，還有左頁列表中的任務。

至於聞味道時抽動鼻子的習慣，

Check 擅用狗嗅覺能力的工作

● 警犬
● 麻藥搜尋犬
● 救難犬
● 白蟻探查犬
● 黴菌探查犬
● 檢疫犬（檢查蔬菜及肉類）
● 癌症探查犬

則是為了讓更多的空氣吸入鼻腔內。由於這不是為了呼吸才吸入的空氣，所以可以把它積存在體內，讓更多的氣味分子被送到鼻粘膜內。

身體篇

Q.43

為什麼
每隻狗的
鼻子顏色都不同呢？

A.

上了年紀的狗狗
鼻子顏色會變淡呢

我們的鼻子多犬鼻子顏色有黑色、膚色及粉紅色狗的鼻子還會泛著3種。縱使不是黑偏粉色系的光澤。色的，也不代表狗黃色皮毛的拉不拉狗有什麼異常。

再者，有時在幼犬時期鼻子是黑色，隨著年紀的增長，顏色會漸漸變淡，這就像人類的頭髮會變白一樣，是一種老化現象。

此外，在受傷和生病痊癒後鼻子顏色也會變淡。總而言之，如果狗狗健康狀況良好，只是鼻子有點褪色的話，並不代表狗狗身體有什麼毛病，所以不用太擔心。

A.

狗很少會蛀牙
但要小心
患上牙周病

我們的牙齒比人類尖很多，所以與其說把東西磨碎，我們更擅於把食物撕裂。食物進到口中後，不經咀嚼就能直接吞下去，所以食物殘渣

並不會留在齒縫。

當口腔中的pH值呈酸性時，牙齒就會腐蝕，而造成蛀牙的危險，但狗的口腔內會分泌一種唾液能綜合酸鹼性。加上我們狗也不像人一樣愛吃甜食，所以不太會蛀牙。

但是食物的殘渣會殘留在牙齒和牙齦的分界處，不處理掉就會形成牙結石，導致牙周病。刷牙是預防牙周病最好的方法，所以記得定期照顧我們的牙齒喔。

身體篇

Q.45

狗狗的鬍子有什麼功用呢？

A.

從前狗鬍子有著天線般的功能呢

對狗狗來說，能，但現在即使沒了鬍子，生活上也不會有任何的不方便。要是貓和老鼠的鬍子被剪掉的話，就會失去平衡感，但我們狗狗因為並沒有像牠們一樣依賴自己的鬍子，所以被剪掉也不會痛。有些參與表演的狗狗，為讓臉部看起來更清爽，大都會把鬍子剪掉。

鬍子的重要性並不像貓那麼大。不過它具有類似天線的功能，可測量路的寬度，是否足以讓自己通過。特別是當我們專心聞東西，無法到四處觀看的時候，就是狗鬍子大顯身手的時候了。

以前我們常常會仰賴鬍子的功能。

身體篇

Q.46

狗狗也會
肩頸酸痛嗎？

A.

我們不但會酸痛
也跟人一樣
很愛按摩呢！

我們狗狗的造成肩頸酸痛。但試或加班，即使心很有效的方式。而

頭，是由肩部和頸是我們只要一覺得有不甘，還是得坐且我們最喜歡飼主

部支撐的，所以肩累，就可以馬上躺在桌子前，長期保幫我們按摩了，這

部周圍的肌肉常會下來休息，所以酸持同一個姿勢。肩也可以增加主人與

處於緊張狀態。當痛的頻率不會像人也可以幫我們按摩，狗的肢體接觸。不

疲勞物質乳酸堆積頸酸痛只要運動，讓肌肉放鬆就可消過很可惜，我們沒

在肌肉裡，就會類這麼高。狗狗的肢體接觸。不辦法幫主人按摩。

人類碰到考除，按摩也是一個

狗狗也有
左撇子或右撇子
之分嗎？

A.

雖然不像人類
那麼明顯但我們的確
有某隻腳會特別靈活

我們狗狗並不像人類一樣，有明顯的左撇子或右撇子之分。如果哪隻腳不太靈活的話，身處危險時就無法迅速逃離了。話雖如此，但我們身上

還是會有確實比較靈活、比較習慣使用的腳。

例如在起步時最先踏出的那隻腳、公狗在小便時會抬起的那隻腳、轉圈圈催促主人給我們食物或玩具時，比較好轉的那隻腳等等⋯⋯。即使如此，也不代表另一隻腳就很遲鈍喔，說是慣用的腳比較靈活應該更貼切吧。

狗狗也會腳麻嗎？

A.

當血液循環
不好時
當然也會腳麻

腳會麻是因為側坐，壓在下方的的狗狗神經原本就容易受到壓迫，反應跟動作也比較緩慢，加上懶得動，所以發生腳麻的機會比較多。

不過我們不像人類，需要一直正襟危坐，腳稍微有點麻，只要馬上換個姿勢就好了。

足部受到壓迫，使那隻腳就會發麻。

血液循環變差，造成水腫，因而妨礙了神經的傳達。所以只要血液循環變好，麻痺感就會消失。如果我們一直

但過度肥胖

身體篇
Q.49

狗狗為何 容易流口水呢？

A.

口水可是把食物 順利送到胃裡的重要功臣喔

看到我們狗狗的口水時，可不要覺得髒。口水（唾液）可是幫助我們將食物順暢送到腹中的重要功臣。就像川水可載萬物一般，食物也會隨著口水流動通過腸道。另外，口水還有預防蛀牙、清理口中食物殘渣等多重功效，所以對狗狗來說口水是很重要的。

但是，如果發現到狗狗有口水過

多的毛病就要注意囉。因為這有可能是牙齦發炎、牙結石累積，或口腔內長了膿包之類的東西。此外，狗狗在過度緊張時，也會不斷流口水，所以平常就要好好觀察一下狗狗的情況。

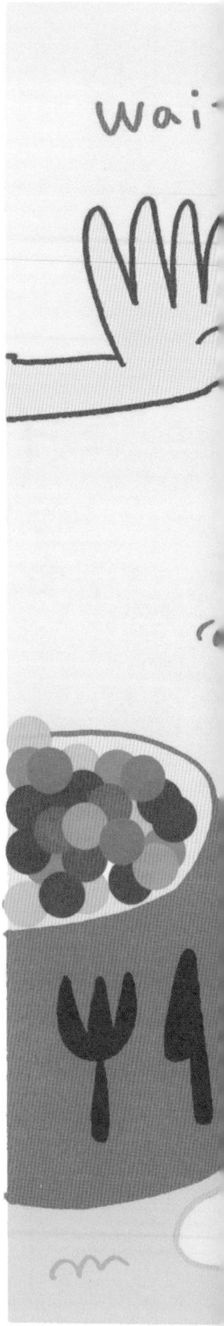

A.

毛的顏色變淡
是老化現象之一

我們狗狗也會長白頭髮。一上了年紀，全身的毛色素都會變淡。在毛色偏淡的狗狗身上比較不明顯，但黑毛的狗狗，以臉為中心，嘴巴周圍的白毛逐漸地會變得特別明顯。

不只是毛色變白，鼻子的顏色變淡也是老化現象之一，但顏色開始變淡的確切時間，則因狗種而異。另外，下表列舉的現象也是狗狗老化的訊號喔。如果出現這些徵兆，就代表我們老了，記得要好好疼我們喔！

Check 代表老化現象的訊號

- 皮膚失去彈性
- 視力衰退
- 聽力變差、嗜睡
- 變得神經質
- 反應變慢
- 牙齒變不好
- 站起身較費時
- 運動的慾望降低
- 毛失去光澤

犬の海

犬の海

犬の海

我們狗狗的腳底有個很柔軟的部位叫「肉球」。這個肉球是皮膚的角質層變厚之後的皮下組織形成的，成份大都是脂肪，所以才會又軟又有彈性觸感也很舒服。

肉球之所以柔軟又富有彈性，是為了負起腳底緩衝的功能。全力踢地或跳躍時，肉球可以分散、吸收腳底所受的衝擊以保護足部。用人來比喻的話，就像是人穿的氣墊球鞋。

和人相比，狗分泌汗液的汗腺較

身體篇

Q.51

為何
狗狗腳底的肉球
會軟軟的？

A.

我們腳底的肉球
由脂肪組成
具有緩衝作用

少，而那些汗腺大部份都集中在肉球上。所以肉球是我們狗狗身體中最容易流汗的部位。

Q.52

狗狗
為何不會
流汗呢？

A.

狗的腳底
可是很會流汗的呢

多數狗狗的身體都被毛覆蓋住，所以還必須伸出舌頭呼氣，讓體熱完全散發出來。全身雖然也分布著具有排汗功能的毛孔，但幾乎不具體溫調節的功能，所以也有時候流汗是為了調節體溫，有時候不是。調節體溫時我們就會有體臭。

流的汗，出汗孔都集中在腳底的肉球上。在運動之後，只要檢查我們腳底的肉球，就會發現它濕濕的，這就是我們流的汗。

人類可以透過全身毛細孔出汗來降低體溫；而我們只能透過腳底的肉球排汗，無法使身體完全冷卻下來，在炎熱的天氣，我們為了調節體溫，水份會大量蒸發，所以這時記得要好好地幫我們補充水份喔。尤其要特別注意小狗和老狗，水份的補充非常重要，不要讓我們熱壞了。

狗也會
曬黑嗎?

A.

有皮毛保護
不容易曬傷
但記得幫
我們的鼻子
做防曬措施

我們狗狗身上時,注意不要剪得太短喔。

此外,狗狗身體有一個地方會容易曬傷,那就是鼻頭,請幫我們的鼻頭擦上人類用的防曬乳,可以幫我們避免陽光直接照射肌膚,好好的保護我們的皮膚。

我們狗狗身上的毛,就像人類的衣服一樣可以保護我們的肌膚,沒有長毛而讓皮膚曝露出來的部位,就很容易生病或受傷。

我們的毛皮也請幫我們的鼻頭擦上人類用的防曬乳,可以幫我們避免陽光直接照射肌膚,好好的保護我們的皮膚。

所以在幫我們剪毛時,注

A.

仔細找一下
狗狗身上
應該也有分叉

狗毛
也會分叉嗎?

狗毛的構造基本上跟人類的頭髮是相同的。毛的表面有一種叫做毛鱗片(Cuticle)的角質層構造,像屋頂的瓦片一樣,朝一定的方向重疊。

一根毛是由許多細微的纖維,藉由毛鱗片將它們集合成一根,所以當營養無法到達毛囊,毛鱗片遭破壞,纖維就會分離,形成分叉。另外,當表皮遭黴菌感染,或狗狗衣服布料和毛的摩擦造成皮毛受損時,也會出現分叉。

126

身體篇　**Q.55**

狗狗的聽力會因犬種而有所差異嗎？

A.

狗狗彼此間明確的差異我也不太清楚

狗狗的耳朵構造中感應聲音的細胞數量幾乎一樣多。而依犬種不同是否會有聽力上的差異至今尚未獲得證實。但是，可以知道的是，依犬種而異的耳朵形狀多少會影響聽力；例如豎耳的狗狗比垂耳的狗狗容易接收到空氣中傳來的聲音，所以聽力可能會比較好。垂耳的狗狗適合俯身搜索東西，牠較容易將注意力集中在氣味上，也較容易聽到地面傳來的聲響。

A.

健康的狗狗身體應該要保持柔軟

身體篇　**Q.56**

有哪種狗狗身體特別僵硬嗎？

狗狗並不會「站姿前彎」和「伏地挺身」，所以要比較人和狗的身體孰軟孰硬是很難的。但是，隨著年紀增長，關節間具有緩衝功能的軟骨會變硬，動作也會因此變遲鈍。

此外，狗狗如果和人類一樣只吃不動的話，骨頭周圍會只剩脂肪，動作也會變得遲緩，所以狗狗還是需要適度運動，才能保持健康。

狗狗的腳底
也會怕癢嗎？

A.

人會
怕癢的地方
狗狗也會喔

當然會怕癢啊！狗狗即使身體感覺癢，也無法像人一樣放聲笑出來，但只要看到狗厭煩的表情應該就會知道了。

特別是覺得趾頭間長出來的毛刺刺的時候就會很不舒服，不停地活動腳趾。而癢的狀況也是因狗而異，也有些狗不只是腳底，耳朵內側、側腹等皮膚柔軟的部份也會怕癢。

A.

那是大拇趾
長期不用
退化形成的

何謂「狼爪」？

狼爪就是狗狗大拇趾的趾甲。即使是相同犬種，有些狗狗後腳也可能沒有狼爪，也有的大型犬會長2至3個狼爪，這些都是很正常的。

我們的祖先——狼生活在森林中時，捕捉東西和爬樹都需要常常運用到大拇趾，但之後腳的功能變成以跑步為主，4隻趾尖就長出趾甲，從此不再需要大拇趾。

128

身體篇　**Q.59**

狗狗的舌頭也怕燙嗎？

A.

不只是狗狗所有的動物都不喜歡吃太燙的東西

自然界中所有的食物都未經過加熱處理，會用火的動物只有人類，而人類也是經過長久的歲月才習慣熱騰騰的食物。

但是，動物們都不喜歡加熱的食物。不過，其中也有狗狗的世界裡卻沒有那樣的環境。所以不論是狗、獅子、猴，因長期的訓練，已習慣吃熱食了。

A.

和肌膚會長斑點同樣道理

身體篇　**Q.60**

狗狗舌頭上為何會長斑點？

這和人類肌膚上的斑點形成因素是一樣的，真相就是─黑色素。

皮膚和粘膜在持續接受刺激或陽光日照射的情況下，色素就會活性化而形成斑點。色素較多，也就是皮毛顏色較深的狗狗比較容易產生這樣的斑點。

但是，如果斑點突然產生，又大量增加，就有可能是罹患了癌症，盡快到獸醫院給醫師檢查一下比較好。

記住狗狗身體各個部位的名稱

狗和人類有相似處、也有相異點。
狗狗身體各部位的名稱如下所列。

狗和人類都是生活在陸上的哺乳類，所以基本的身體構造是相同的，不過也有跟人類不一樣的地方。

最大的不同就是狗狗多了尾巴，

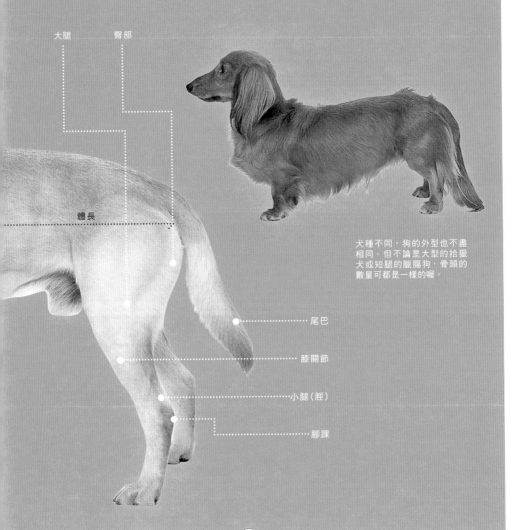

犬種不同，狗的外型也不盡相同。但不論是大型的拾獵犬或短腿的臘腸狗，骨頭的數量可都是一樣的喔。

大腿

臀部

體長

尾巴

膝關節

小腿（脛）

腳踝

相對於以兩腳步行的人類來說，狗狗用4隻腳步行。以人類的觀點來看，狗狗以趾尖站立，後腳腳踝不接觸地面，也因此才能長距離快速奔跑。

此外，狗狗為方便聞東西、咬東西，從鼻子到嘴巴一帶的口鼻部相當發達。

順帶一提，表示狗狗身體的大小時，通常是以身體的長度和高度為準，如同下圖所示，頭部並不在計算範圍內。

狗鼻的範圍有多大？

一聽到狗鼻子，很多人都會想到位於臉上黑色的部位吧。事實上那個部位稱做「外鼻」，只是鼻子的一部份而已喔。

那麼狗鼻的範圍到底有多大呢？有些犬種的口鼻部位會朝前凸出，所以從鼻子到鼻腔的範圍很長、容積很大。除此之外，和鼻腔相連的嗅覺神經所通過頭蓋骨的前頭洞也是鼻子一部份。因此，鼻子可以說是佔了臉面積不小範圍。

用框框圍起的部份，臉上除了眼睛和下巴之外都屬於鼻子。向前突出的口鼻部，也稱作「muzzle」

外鼻孔　　　　人中

外鼻孔是空氣的入口，鼻子之所以一直冰冰濕濕的，是因為這樣比較好接收空氣裡的氣味分子。

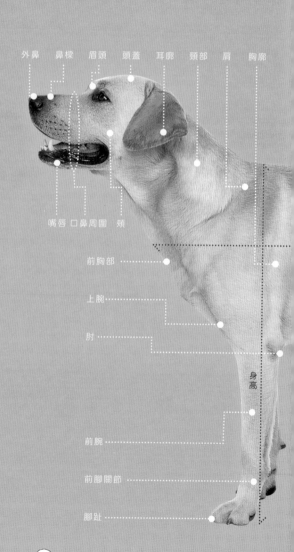

外鼻　鼻樑　眉頭　頭蓋　耳廓　頸部　肩　胸廓

嘴唇　口鼻周圍　頰

前胸部

上腕

肘

身高

前腕

前腳關節

腳趾

狗狗眼中
看到的世界

狗和人的眼睛構造有何不同？
看看下面的照片，體驗一下狗的視野吧。

狗狗和人的眼睛的組織基本是相同的，但是狗狗和人看東西的方式卻不一樣。

首先，狗狗和人的頭骨形狀就不同，所以眼睛長份。而狗因為眼睛的位置也不一樣。人臉相對來講較扁平，眼睛並排地長在臉上，但狗狗的眼睛左右分得較開，所以人和狗狗的視野，也就是看得到的範圍自然也就不一樣。而狗狗的視野也會依犬種而異，但平均來講約有240度，所以不只是兩側，甚至連後方的景物狗也能看得到。

但是，在視野當中，能辨識立體感和遠近感的「兩眼視野」，屬於兩隻眼睛中重疊的部

狗狗的視野

240°

人類的視野

180°

※從照相機沖洗出來的長形照片，上下的視野和真實並不相同喔。

左右分得較開，兩狗都有近視。不過眼視野的範圍也會受到本身人狹窄很多。

此外，眼睛中視力也會受到本身生長的環境所影響，例如生長在牧水晶體的部份，人場的狗狗，通常會約有4mm，而狗則厚偏遠視。

達7mm。水晶體相當關於狗狗看到於相機中的鏡片，的色彩，紅、橘、光通過水晶體，在黃、綠都是同一個視網膜上形成影顏色；藍、紫，又象稱為「正視」，是另一個顏色。換也就是對焦清楚的句話說，狗無法區狀態。如果光線停分紅、黃和綠色的在視網膜前就是近差別，也無法區藍視，停在視網膜後色和紫色的不同。就是遠視。眼睛就在草地上，人是透過水晶體伸縮類可以看得到紅色對焦，而狗則因的球，但對狗狗而水晶體過厚，光影言，紫色的球是比都會停在視網膜前其它顏色的球更容方，所以大部份狗易辨識。

兩眼視野 60°

兩眼視野 120°

狗狗也喜歡甜食

對狗狗來說，味覺是什麼東西呢？
以下為您解說狗狗的味覺構造。

應的結果。味蕾位於舌頭表面一粒一粒的舌乳頭上。

具有味蕾功能的舌乳頭分為：輪廓乳頭、蕈狀乳頭、葉狀乳頭三種。由於每一種舌乳頭所能感覺到的味道、分布的位置都不同，因此舌頭每個部份能感覺到不一樣的味道。

狗能辨識的味道，劃分為甜、酸、苦、鹹4種，並運用這4種味道的組合，創造出各種不同的味道。所謂的味覺就是蕾對少量化學物質反應份，和人類的舌頭功能的只有舌根部頭整體，但具味覺乳頭雖然分布於舌能感覺酸味的輪廓味區和鹹味區；而的舌頭前端屬於甜蕈狀乳頭分布

舌頭的每個部位能反應的味道都不同

狗會「哈～哈～」呼氣的原因

狗在天氣炎熱和運動過後，就會把舌頭伸長到外面「哈～哈～」地呼氣，那是因為狗的舌頭有散熱的功能。人類靠流汗來調節體溫，而狗的汗腺數量卻比人類少很多。

狗舌頭上血管的分布比其他動物都密集。舌頭接觸外界的空氣，就能冷卻舌內的血液降溫。

舌根為「酸味區」

感覺酸味的輪廓乳頭分布於舌頭整體，但只具味覺功能的只有舌根部份。雖然如此，狗狗還是不太喜歡酸的食物。

舌頭外側為「鹹味區」

分布於舌頭外緣的葉狀乳頭，有辨識鹹味的能力，因為狗狗愛吃鹹的東西，要注意鹽分攝取過量的問題。

舌頭前端為「甜、鹹區」

可以最快感覺到食物味道的就是位於前端的舌尖部份。這裡分布著可辨識甜味和鹹味的蕈狀乳頭。

構造幾乎一樣。但是，狗狗到底能不能感覺到「苦」味，至今尚未能查明。當然也沒有人知道狗狗喝了咖啡後，到底有什麼感覺。

狗狗「甜味」的能力得天獨厚，因為「甜味」的真面目──「糖」正是幫助消化的能量來源。

味覺本屬生物的免疫機能之一，在狗狗晉升為寵物，不用再為尋覓食物煩憂後，味覺漸漸變得和人類一樣，是為享受美食而存在。也就是說對吃的品味提高了，味覺不再只是辨識東西是否能食用，還能辨別食物是否美味。

狗狗舌頭上能感覺「甜味」的味蕾為數最多，這跟狗狗的飲食習慣有關。味覺本來就是用來判斷食物對身體是否有益，是不可缺少的身體感覺之一。

狗本是雜食性動物，不過也能從植物性食物中攝取必要的營養素，

狗狗容易感覺到的味道

1 甜味

反應食物中的果糖和蔗糖的神經群，是狗狗所有味覺神經中最發達的，這些甜性物質還能轉為幫助消化的能源。

2 酸味

味蕾中次發達的味覺神經群就屬「酸味區」。但是味覺能力的強弱和對味道的喜好完全是兩回事，很少狗狗愛吃柑橘類的食物。

3 肉的美味

肉美味的成份由核酸構成，能感覺這成份的神經屬第三發達的味覺神經。狗狗喜好的肉類順序為：牛肉、豬肉、羔羊肉、雞肉。

4 鹹味

鹽份（鈉）為維持身體正常機能的養份，不可或缺的養份。包括人類在內，大部份雜食性動物中猴子具有辨識食物鹽味的能力。

肉球的構造

愛狗人士喜歡狗狗腳底
柔軟有彈性的肉球嗎？
讓我們來探討一下肉球的構造吧。

腳掌，讓動物們受傷。所以大部份四足動物，腳底都會長出肉球和蹄，也就是動物們與生俱來的鞋子。

狗的祖先狼是一種過著群居生活、以奔跑捕捉獵物維生的動物。為了能長距離奔跑，就需要相當發達的肉球來保護腳部。

和人類不同，動物是不穿鞋襪的，但是赤著腳行走，很容易造成腿部和腰部關節的負擔。而且自然界地上雖然不會有釘子，但是樹枝和石頭等等還是會刺痛慢慢形成。

狗狗是利用趾根部來接觸地面，利用腳尖來站立，所以才能快速地奔跑。肉球也是因為那部份的肉因長期走路而變得發達並

指（趾）球

以人手來比喻的話，這裡就相當於食指到小指之間的肉所形成的。

掌（足底）球

這個部位很像手掌，但正確來講，是由趾根部的肉發達後形成的。

前腳腳跟球

是由相當於人類手掌掌根的部份發達後形成的。因為使用頻率低而退化縮小，一般來說後腳並沒有這個部位。

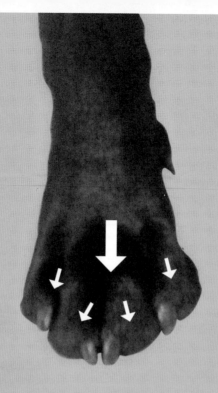

腳著地時，肉球能像箭頭所指般，分散地面帶來的反作用力，降低腳掌受到的衝擊。

肉球的功能

　　肉球最大的功能就是腳墊。在強大的衝擊下，也能保護足部免於受傷。因為肉球中包含彈性纖維和脂肪組織。當腳底受到強力的衝擊，這兩個組織能分散力道。首先，脂肪組織能將壓力四處分散，而彈性纖維能將分散的壓力伸縮，使它二度減輕。

肉球顏色變黑的原因

　　在幼犬時期，肉球呈漂亮的粉紅色，但是長大後卻愈變愈黑，這是因為長期走在水泥和粗糙的地面上，肉球和地面長期摩擦的緣故，肉球在磨耗的過程中，色素也跟著沉澱，表皮的觸感也會逐漸變硬。此外，肉球也會隨著身體狀況，在色澤和硬度上產生微妙的變化，才會產生所謂變黑的現象。

肉球是出汗的所在

　　肉球摸起來感覺濕濕的，這個水份就是狗狗的汗液。分泌汗液的汗腺分為頂泌腺和外分泌腺兩種，但人和狗汗腺分布的部位並不一樣。人類的外分泌腺分布於全身，頂泌線分布於肛門周圍和腋下。而狗的頂泌腺分布於全身，外分泌腺則集中於肉球上，所以能和人類一樣流汗的部位只有這個肉球而已。

小知識篇

Knowledge

雖然狗狗已是人類最親近的動物，
但還是擁有很多不為人知的謎。
這裡收集了各種能促進人狗感情，
讓人大呼驚奇的狗狗小知識。

嗚～～～

A.

現在最有力的
學說是
「灰狼」（Gray Wolf）

根據ＤＮＡ鑑定的結果，我們狗狗的祖先為「灰狼」，這個研究曾發表在科學專門雜誌上。

灰狼從人類還是「原始人」的時代就已經和人開始往來，距今約40萬年前。原始人和狼生活背景重疊的部份甚多，長久下來，就演化出與人類相當親近的狼種。距今1萬4千年前，灰狼漸漸「犬化」，骨骼發展成和一般的狼截然不同，「狗」就此誕生。

Q.62

現今，世界上的犬種 共有幾種？

A.

總共有 400 多種 很不可思議吧

很清楚，但據說全世界大約有400種犬種。剛開始跟人類共同生活時，大部份狗狗的體格大小並無太大的差異，但在距今4000多年前，世界上卻開始出現不同的犬種。在古埃及的壁畫上，描繪著細頭長腿，類似獵犬祖先的狗，他尚未被畜犬協會承認的犬種，所以明確的數字並不是

改良後產生的結果，從而繁衍出各式各樣的犬種。

尤其是在13～15世紀，對於歐洲的貴族們來說，象徵著財富和權力的「狩獵」蔚為風潮，為了要捕捉各種不同的獵物，他們研發了各種不同品種的獵犬，是個犬種數量急速增加的時代。

有些狗只能養在特定的區域，其他尚未被畜犬協會也有體格壯碩、大臉的獒犬等等。之後，經過人類不斷

40歲　　　12歲　　人

5年　　　1年　　狗

狗老化的速度比人類快，特別是在出生後的第1年，身體會急速成長。狗在1歲的時候，小型、中型犬相當於人的17歲，大型犬相當於人類的12歲。雌性的中小型犬，在這1年就已經進入所謂的「發情期」，準備繁衍後代。

此外，「中小型犬」和「大型犬」的老化的速度也不同。在3歲之前，中小型犬老化的速度較快，但5歲之後，大型犬則會急速老化，提早

小知識篇

Q.63

狗狗
老化的速度
有多快呢？

A.

中、小型犬和大型犬
老化速度不一樣

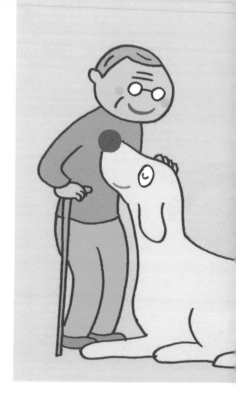

75 歲

10 年

邁入老年期，
同樣是 1 年，
年齡增長的速度竟
有如此大的差異，
真讓人感到不可思
議呢。

A.

人類的語言對狗狗來說
就像外國語，要講慢一點！

人類第一次去國外，也會聽不懂那國家的語言吧。

狗狗也一樣，初次見到人類時，也完全不懂人類的語言代表著什麼意思，只會覺得那是一種聲音。但之後藉由聽到的外語，對狗狗來說，如果人類話說得不夠清楚，狗狗也會聽不懂。

所以，跟狗狗講話時發音要盡量清晰一點。

但是，如同人類對很難理解初次聽到的外語，對狗狗來說，人類的語言要慢慢地理解人類的意思。

只要常常聽，就會慢慢地理解人類的意思。

人類的表情，漸漸可以判別何時被稱讚或是被責罵。

當被命令：「坐下」，這時只要坐下，就會受到稱讚。

狗狗
也有血型嗎？

我們狗狗，型。「DEA式」要說機率的話，1屬D1型；洋狗則屬有相當於人類的分為1（Ⅰ）型、1（Ⅱ）型、1—1型和D1型。一般雖然不「ABO式」的1—1型和1—2型；D2型的狗狗數量會特地去驗狗狗的「DEA—1式」，1—2型的狗狗數量差不多，但是也有血型，不過醫院中以及相當於人「Rh血型，不過醫院中以及相當於人「Rh可以檢查狗狗的式」的「D式」。這樣排列組合1（Ⅰ）型或1—1型式」的「D式」分為D1特別多的犬種。以根據這些系統的型、D2型、D1D2D型的特徵來說，以下來，就是我們型、D2型、D1D2組合，共有9種血DEA—1式血型。狗狗的9種血型。大部份的日本狗都組合，共有9種血狗狗的9種血型。

A.

狗的血型
共有9種
可比人類複雜得多呢

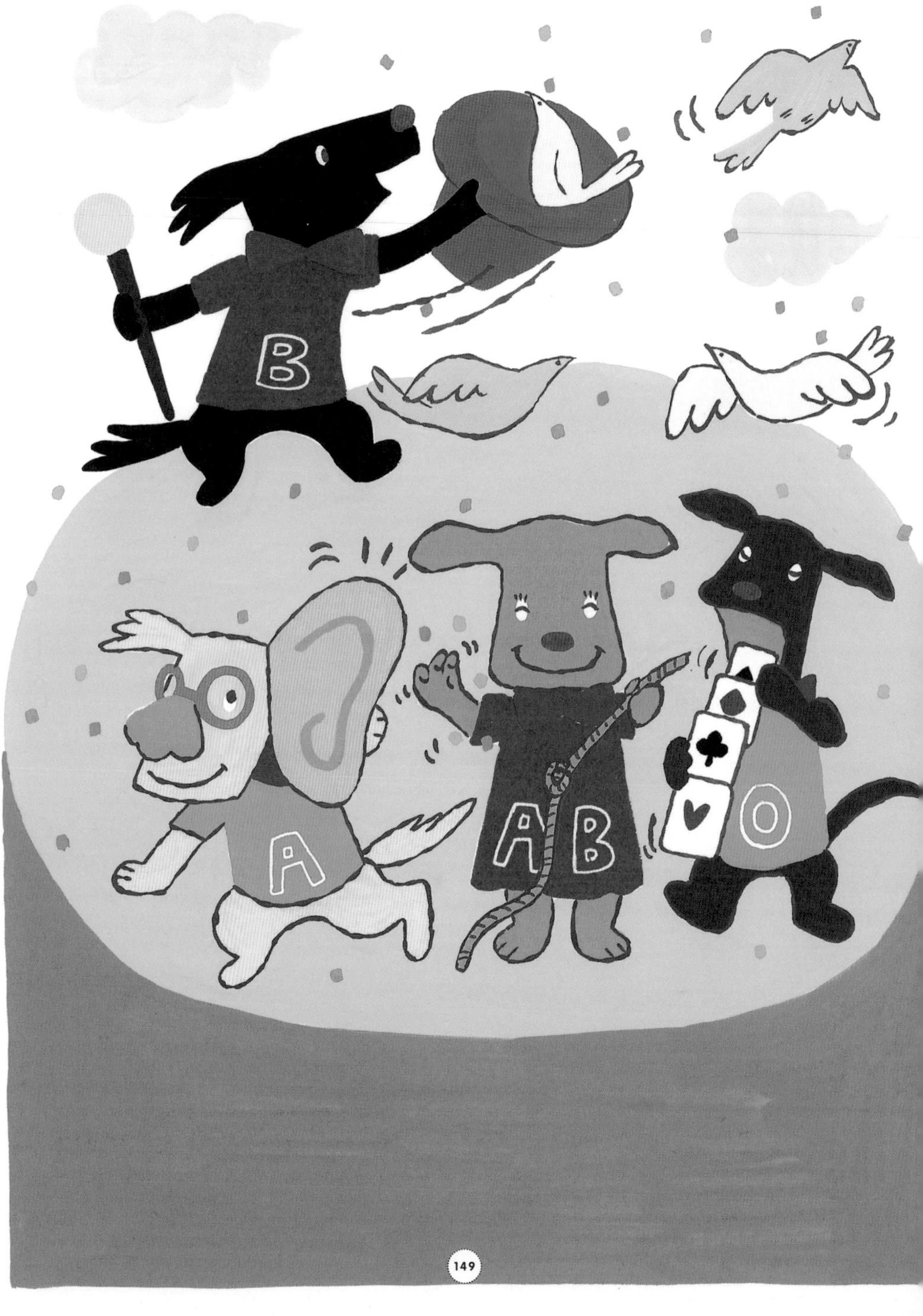
B
A
AB
O

小知識篇
Q.66

對狗狗來說
人類的小孩和大人
都一樣嗎？

A.

我們將小孩和大人
當做不同生物

味不但跟大人不一樣，行為舉止也很難預測，所以很難把他們跟大人聯想在一起。

而且，就算同樣都是小孩，2～3歲、7～8歲和10歲的小孩，在動作上和狗狗的相處方式都不一樣。

在我們的認知裡，幼稚園小朋友、小學低年級生和小學高年級生，都屬於不同種類的生物。

事實上，我們狗狗並不把小孩和飼主當成同一種動物，因為小孩的言行舉止都跟大人截然不同。特別是幼稚園的小孩，不論是動作、聲音和氣味，不分大人小孩，都能成為我們狗狗的好朋友。

去散步，和我們玩耍，不分大人小孩，都能成為我們狗狗的好朋友。

不過只要會帶我們

151

A.

即使語言不通
還是能互相了解

同時飼養狗和貓的人，應該可以常常看到牠們好像各種情緒一樣。

即使言語不通，只要花時間慢慢地觀察對方的動作和態度，就可了解對方的想法，也能夠和樂地同處在一個屋簷下。

請參考P30～37，詳細記載關於我們肢體語言和安定訊號的章節。

在聊天一樣地互相發出叫聲。不禁讓人懷疑，難道不同種類的動物也能互相溝通嗎？事實上牠們並沒有彼此交談的能力。不過只要好好觀察對方的動作，狗和貓似乎就能了解對方的想法並做出互動。

就像人類和我們狗狗也語言不通，但是人類也總是懂得我們開心、生氣、心有所求等

法並做出互動。

定訊號的章節。

小知識篇

Q.68

狗狗 會怕冷嗎？

A.

寒冷地帶出生的犬種 相當耐寒

Check 狗的原產地

寒冷地區的狗狗
- ●哈士奇　Siberian Husky（俄國）
- ●聖伯納狗　St. Bernard（瑞士）
- ●薩摩耶犬　Samoyed
　（俄國北部和西伯利亞）
- ●大白熊犬　Pyrenean Mountain Dog（法國）
- ●蘇俄牧羊犬　Borzoi（俄國）
- ●匈牙利犬　Puli（匈牙利）　　等等

炎熱地區的狗狗
- ●吉娃娃　Chihuahua（墨西哥）
- ●薩路基獵犬　Saluki（中東）
- ●巴仙吉犬　Basenji（中非）
- ●法老王獵犬　Pharaoh Hound（馬爾他）
- ●泰國脊背犬　Thai Ridgeback（泰國）
- ●羅德西亞脊背犬　Rhodesian Ridgeback
　（南非）　　　　　　　　　等等

比起炎熱的地區的寒冬；體型較小的犬種對寒冷的抵抗力也比較弱。有一種叫「墨西哥無毛狗」的犬種，因為身上沒有毛，所以連一般亞熱帶地區的寒冷都無法忍受，這一點要多加注意，避免讓牠們著涼了。

天氣，我們狗狗比較能忍耐寒冷，特別是嚴寒地區的犬種，身上覆蓋著厚厚的一層毛。但這也不代表所有狗狗喜愛寒冷。

原產於熱帶地區的犬種毛較短，就無法忍受寒帶地

狗狗
也會迷路嗎？

A.

陌生的場所會讓我們感到不安
要好好為我們帶路喔

人類的電影和書中，常會有狗狗突然被放置在全然陌生的地方時，也可能會因為不安和緊張，而使鼻子和耳朵的運作失靈。

雖然有些時候，即使是陌生的地點，只要飼主陪在旁邊，狗狗就會很有安全感。但是在一切都還是未知數的情況下，還是人類獨自前往未知的場所時會容易迷路，狗狗也是一樣的。特別是足

不出戶的狗狗，突然被放置在全然陌生的地方時，也可能會因為不安和緊張，而使鼻子和耳朵的運作失靈。

認為我們狗狗的方向感很強。當然，有些狗狗的確很會認路，這是因為狗的鼻子和耳朵遠比人類靈敏，但這不代表我們狗狗就完全不會迷路。

犬比較好。

確實看緊自己的愛

A.

叫聲會因犬種而異
而且各個國家的人
聽到狗叫聲都不一樣

狗狗的叫聲因犬種而異。一般而言，體型高大，從鼻子到嘴巴部位壯碩的狗狗，叫聲又粗又低；小型狗的叫聲則又尖又細。依個體的差

Check	世界各地的 狗狗叫聲

● 英語
（ bow bow ）
● 法語
（ ouah ouah ）
● 德語
（ wau wau ）
● 義大利語
（ bau bau ）
● 西班牙語
（ guau guau ）
● 葡萄牙語
（ au au au ）
● 俄語
（ gav gav ）
● 瑞典語
（ vov vov ）
● 希臘語
（ gab gab ）
● 阿拉伯語
（ haw haw ）
● 中文
（ wang wang ）
● 韓語
（ mung mung ）
● 印尼話
（ gong gong ）
● 越南話
（ wau wau ）
● 泰語
（ hoang hoang ）

（註1）約德爾調：一種瑞士高山居
民之曲調，用真假嗓音反覆變化地
唱（或叫）。

異，有些狗狗會發
出歌唱般的聲音，
有的會發出嬰兒般
的聲音。

　原產於非洲
中部剛果的巴仙吉
犬，會發出像約德
爾調般（註1）呻
吟和慘叫的聲音。

　此外一樣都
是狗狗的聲音，
日語裡就分為
「WOW WOW」
和「KYAKYA」兩
種，而就如上表所
示，對於狗狗叫聲
各國的表現方式都
不一樣。同樣的狗
叫聲，不同國家聽
起來竟會如此地不
同，真有趣呢！

我們狗狗不像人一樣會感冒。雖然偶爾會打噴嚏，但那是因為有異物進到鼻子裡的緣故。我們的鼻子隨時都保持濕潤的狀態，那就是人類所謂的「汗」。鼻子上的水份讓提高鼻內的空氣濕度，讓我們更容易吸取到氣味分子。再者，我們也會藉由蒸發汗水散熱以調節體溫。如果看到鼻子乾乾的，才表示我們身體有異狀。

但是，如果我們咳嗽太過繁頻就必須注意。雖然不

小知識篇

Q.71

狗狗
也會感冒嗎？

A.

狗鼻子濕濕的
並不代表
感冒喔

會是感冒，但有可
能是「傳染性支氣
管炎」等傳染病，
請趕快帶我們去醫
院接受診療。

小知識篇

Q.72

狗狗也會享受美食嗎？

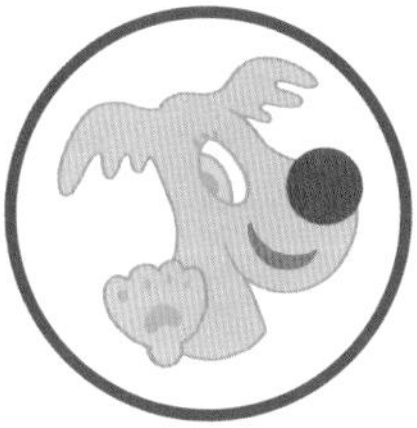

A.

狗狗最愛吃了！但最近有些狗狗對食物漸漸失去興趣

人類懂得品嚐食物的美味，而狗狗不會。只要給我們東西吃，我們就會一口氣把它吃光光，一點都不剩。

我們的祖先－狼，昔日以狩獵維生，由於不是每天都能捕到獵物，也會有好幾天都沒飯吃的時候，所以養成了有飯就吃的習性，而且吃得太慢的話，就會被其他狗狗搶走，所以牠們總是狼吞虎嚥地把食物吃下肚，這個習性沿襲至今。

但是，自從和人類共同生活後，我們不用再為食物煩憂，所以有些狗狗食量變得很小，對食物的興趣漸減，特別是體型較小的寵物，狗這種傾向特別強。

小知識篇

Q.73

狗狗 可以喝果汁嗎?

砂糖這種東西需求遠少於人類,會在身體裡分解成葡萄糖和果糖,之後再被小腸吸收,成為腦和紅血球的能量來源。因此砂糖對人類和我們狗狗來說,都是不可或缺的重要養份;但是我們對糖份的

臟的負擔,而失去糖份原有的功效。所以雖然我們很愛吃甜食,但果汁對我們的身體可是不好的喔。

攝取過多糖份,會使狗狗流失鈣質,也會增加胰

從日常的狗食中就能攝取到足夠的糖份。少量的砂糖對身體有益,但過量的話養份就會變成毒藥。

A.

果汁內的糖分 對狗狗的身體 有害無益

狗狗
能記得人
多久呢？

A.

只要
相處的記憶
夠深刻
就會永生難忘

只要和某人有過愉快的回憶或有深刻的印象的話，不管過了幾年，都不會忘記。例如我們的同伴中有擔任救人工作的導盲犬，這種狗狗大約在1歲後就會和養父母分開，去照顧視障的人，在那段期間都不會跟養母見面。但在事隔十多年，導盲犬退休後，見到兒時的養父母，還是會記得的喔。

A.

只要習慣外面的環境
自然就會了

狗狗是如何
學會在外面
上廁所的？

我們狗狗會選擇能安心的環境如廁，所以只要習慣散步後，自然就會在外面上廁所了。

而且，在外面聞到其他狗狗的排泄物，或在行走搖動腹部，都會引起我們上廁所的慾望。

但是，即使我們學會在外面上廁所，也請不要我們一上完廁所，就馬上結束散步帶我們回家喔。這樣我們或許會為了拉長散步的時間，而養成憋尿的壞習慣。

小知識篇　**Q.76**

雄犬和雌犬在個性上會有差異嗎？

A.

在個性上會有一定的傾向但個性還是因狗而異

雄犬和雌犬因生殖系統的不同，體內分泌的荷爾蒙也不一樣，所以有人認為雄犬和雌犬會因為這個原因，而有性格上的差異；但實際上這影響並不大。

相對之下較穩重，但這定義只是一般說法，並不適用所有的狗狗。相信人類也是如此，性格上的差異受個體特徵的影響比性別大

一般而言，雄犬活潑頑皮，雌犬得多。

A.

吃飯的順序並不重要

小知識篇　**Q.77**

吃飯時人先吃飽再餵狗狗比較好嗎？

在我們狗狗的世界裡，吃飯的先後順序並不含有地位尊卑的意味。所以主人先吃、還是狗狗先吃，都沒有關係，我們比較在意的是，誰給我們食物。

當然，飼主們願意的話，也可以和狗狗一起吃飯，但注意千萬不要拿人吃的東西餵狗狗喔。因為人類的食物口味較重，吃一次就容易上癮，這會讓我們很容易放棄我們的狗食，一直向飼主要人類的食物來吃。

狗狗洗澡時
最適合的水溫
為幾度？

A.

大約 38 度
較接近體溫

最適合我們狗會出現拉肚子等症狀。相對地，水溫過熱，也會造成我們心臟的負荷。

另外，幫我們洗澡時請不要用冷水，因為冷水較不容易起泡，會使我們身上的污垢不易清除。終歸一句，水溫要適中。

狗洗澡的水溫為38度，這是最接近我們體溫的溫度，炎夏之際可將溫度稍微調低一點也沒關係。但是過冷的水，溫會使我們受到驚嚇，尤其是小狗和老狗碰到冷水，腹部受涼時，有時還

狗狗的聰明才智
是來自遺傳，
還是生長環境呢？

A.

和人一樣
這兩樣
都很重要

答案是：都很重要。與生俱來的能力，要靠後天的學習和經驗的累積和長期訓練後才能將它發揮得淋漓盡致。人類也一樣，而且，所謂「聰明才智」的定義也因狀況而異，例如獵犬，狩獵能力愈高，就會被評價為「聰明」；而飼養在家裡的寵物狗如果喜好追逐、吠叫的話，就有可能會被當成一隻白白的笨狗。

A.

人類繁殖各犬種的「目的」
就是狗狗的天生使命

狗狗也有
所謂的天生使命嗎？

如今世界上的犬種，都是人類為特定的目的，經過不斷改良研發而繁殖出來的。看門、狩獵、畜牧、荷重、驅除害獸等，為各任務找尋體型和個性適合的犬種，讓牠們交配生下小狗，一直重複這樣的過程，造就了現在這麼多的犬種。現代即使是純種狗，也多半被當成寵物飼養在家庭中，使牠們失去發揮天生使命的機會。雖說如此，牠們被賦予的犬種特性依然保留至今。

世界犬種目錄

世界上的犬種共有400種。
以下分門別類為您介紹其中的一部份。

人狗共同生活後，人類漸漸將狗各方面的天賦運用在日常生活。

最初被賦與的工作，以下將詳細地為您作介紹。

（犬種分類的基準不同，所採用的分類法也不太一樣。以下介紹的並非唯一的標準。）

例如讓狗擔任守衛、狩獵、畜牧等各式各樣的工作。長久以來，人類尋找適合特定工作的犬種，讓其繁衍增生，創造出各種行業的狗狗專家。從此，犬種的分類就這樣定下來。現今，世界上的「純種狗」全是人類為某種目的，在不斷地改良下所培育出來的。

每個犬種都擁有不同的特性。在此，我們就犬種的最初被賦與的工作來分類，以下將詳細地為您作介紹。

牧羊犬、畜牧犬

這類狗狗是為了放牧時使牛、羊和山羊等家畜不會走散，並保護這些動物免受狼等外敵的侵襲所培殖出來。活潑、運動量大、判斷力強，且愛吠叫。

威爾斯柯基犬
Pembroke Welsh Corgi（英國）

這種狗原來的工作是追趕牛群。因為牠腳短身體長，所以能在不被牛踢到的狀態下，迅速穿梭於牛群腳下。

邊境牧羊犬
Border Collie（英國）

在蘇格蘭的邊境地區擔任看顧羊群的工作，具有高度的智能和驚人的運動神經。

運用其卓越的嗅覺能力來追蹤獵物的氣味,並追趕、捕捉獵物,個性好動且精力旺盛,這類犬種大多都性格開朗且大膽、集中力強,也有點任性,有愛吠叫的傾向。

迷你臘腸犬 Miniature Dachshund(德國)

腳短腿長,可將獾和兔子等動物趕到巢穴裡去。

米格魯 Beagle(英國)

身為漫畫「史努比」的原形聞名。原來的工作是獵兔。

㹴犬Terrier

「Terrier」這個名字有「將獵物趕進巢穴」之意。其工作為捕捉老鼠、兔子和狐狸等。外表俊俏體力佳,性格活潑開朗。多數為小型犬,體型雖小,好勝心卻很強,容易和其他狗起衝突。

西高地白㹴
West Highland White Terrier(英國)

由蘇格蘭的凱安㹴經改良後培育出來,專司趕捕老鼠和狐狸,體型雖小卻相當有活力。

剛毛獵狐㹴
Wire Fox Terrier(英國)

漫畫「丁丁歷險記」(Tin Tin)中角色「白雪」(Milou)的原形,專司獵捕老鼠和狐狸。

迷你雪納瑞
Miniature Schnauzer(德國)

長長的鬍子和眉毛為其註冊商標,和巨型雪納瑞(Giant Schnauzer)起源不同。

獵鳥犬

牠們的工作是尋獲鳥的棲息地並告知飼主，包括雪達犬 Setter 和指示犬 Pointer，會尋找並撿回獵物的拾獵犬（Retriever），和驚鳥並撿回獵物的獵鷸犬（Spaniel）。

黃金獵犬
Golden Retriever（英國）

負責回收掉到水裡的獵物，愛游泳，活潑但個性卻很沉穩。

愛爾蘭獵犬 Irish Setter（愛爾蘭）

身上披著美麗的桃木紅色皮毛，原產於愛爾蘭的獵鳥犬（GUN DOG）

工作犬 Working Dog

擁有得天獨厚的體格和驚人的體力，擔任雪撬拉夫、守衛和救人等工作。基本上是個「溫柔的大力士」，獨力心強，但也有任性的一面。

大白熊犬 Pyrenean Mountain Dog
（法國、西班牙）

在庇里牛斯山，從遠古時代開始就為人們工作，主要的工作是牧羊，保護羊群免受野狼侵害。

西伯利亞哈士奇犬
Siberian Husky（俄國）

遠吠嘶啞的聲音為其名字的由來。有些個體臉上的花紋很像上了妝的歌舞伎演員。

作為獵犬和看門狗，長期和日本人共同生活的日本犬

柴犬

這是最受歡迎的日本犬，名列天然紀念物之一。

日本犬的歷史可追溯至繩文時代（約 1 萬年以前至公元前 1 世紀）。豎耳、捲尾巴（或翹尾巴）為其特徵。不太擅長社交，但會任勞任怨地為飼主奉獻，除了柴犬外，還有秋田、紀州、甲斐犬等以地名為名的種類。

用眼睛捕捉獵物的動向，並且利用其驚人的腳力追捕獵物。長腳、苗條均稱的體格為其特徵。其中有些犬種會被訓練成賽犬，特別去提高牠們的瞬間爆發力。一般而言，這個犬種自立心強、運動量也大，看到會動的物體時，會下意識地去追趕。

惠比特犬
Whippet（英國）

以小型的灰獵犬為基準，混入㹴犬（Terrie）培育出來的犬種，主要被用來當賽犬。

不為任何工作，純粹做為玩賞或陪伴的寵物用犬，是由各個犬種的狗狗小型化後產生的。基本上都為小型犬，出身國家和外型非常多樣化。但現今的家狗，無關犬種，都可歸為玩賞犬。

博美犬 Pomeranian
（德國、波蘭）

據說其祖先為薩摩耶犬（Samoyed）。在18～19世紀被超小型化，而晉升寵物之列。

吉娃娃 Chihuahua
（墨西哥）

在電玩世界中相當有人氣的寵物，除了照片所示的長毛外，還有短毛種。

玩具貴賓犬 Toy Poodle
（法國）

原為獵鷸犬，毛色種類豐富，經修剪後可有不同的造型。

西施犬 Shih Tzu
（中國）

厚重的皮毛為其特徵。是由西藏原產的拉薩犬和北京狗交配後產生的品種。

狗狗成長的速度
和人類相比明顯快很多

狗狗的成長速度到底有多快？
透過以下的表格，
看看狗的年紀換算成人類年齡是幾歲。

狗的壽命比人類短，所以成長的速度相當迅速。特別是最初的1年，中小型犬就能成長，至約人類的17歲，大型犬也能成長。

狗狗可依出生後的時間大致分為：出生後6個月內為幼犬，6個月～2年為青年犬，2～4年為成犬、8～12年為壯年犬、12歲以上為老犬。老化的程度和個體差異有關，而且大型犬的老化速度比中小型犬迅速很多。大型犬比中小型犬較慢邁入成犬期，但卻提早進入老年期。

至相當於人類的12歲。此外，中小型犬在第一年就會進入所謂的發情期，準備生育下一代。

狗出生後年數和人類年齡的對照表

出生後年數	中、小型犬	大型犬
1個月	1歲	1歲
1年	17歲	12歲
2年	23歲	19歲
3年	28歲	26歲
4年	32歲	33歲
6年	40歲	47歲
8年	48歲	61歲
10年	56歲	75歲
12年	64歲	89歲
14年	72歲	103歲
16年	80歲	117歲
18年	88歲	131歲
20年	96歲	145歲

小狗成長日曆

身體和心靈的成長日記／★飼主應該做的事

出生當天	
·緊閉雙眼，雖會對大的聲響有所反應，但耳道尚未打開 ·體溫調節和排泄都要借助母狗的力量 ·嗅覺能力從一出生就開始運作 ·出生後馬上受到人類的撫摸的話，能較快習慣人類並減少不安感	

第21天
社會化時期開始
·開始蹣跚學步
·開始長乳牙
·能自力排泄
·眼皮已可張開，但尚未具備成犬般的視力
●視覺、嗅覺、聽覺能力兼備，開始對外在世界感興趣

第30天　4週
●在和狗媽媽、狗兄弟的相處中，學習狗同伴間的相處之道，以及抑制啃咬慾望等這些狗世界中的社會規範
●進入斷奶期，開始食用幼犬用的斷奶食物

第40天　5～6週
·慢慢習慣幼犬專用的狗食
·戒掉吸吮碰到嘴巴之物體這個習慣
★出生後45天左右可以開始接受混合型疫苗注射
★可以讓小狗從室內看著外面的世界，也可以開始抱牠到外面散步

第60天　2個月
·從母狗身上得來的免疫力開始衰退
★抱小狗出外散步，開始讓附近的人餵食
★增加小狗與不同人類接觸的機會
★讓小狗習慣各種聲音
★透過訓練和肢體接觸，增加和飼主之間的交流
★寵物店的狗狗多半在這個時期會開始進入新的家庭
★開始教牠進狗籠和上廁所

第90天　3個月
社會化期結束
·乳牙發育完畢
·社會化期間結束。但不表示今後就會中斷社會化
★參加幼犬班
★注射第二次和第三次的疫苗（也有狗只注射第二次。出生兩年後基本上是一年一次）
★自最後疫苗接種後3天起，就可以在自家洗澡在實際散步前就讓狗習慣溜狗繩和項圈等物品
★注射狂犬病疫苗（出生後91天後，盡早接種）
★至寵物登記站植入晶片

第120天　4個月
·開始萌生警戒心
·從前齒開始換牙，長出恆齒

第150天　5個月
★可以開始進行結紮手術

第180天　6個月
·開始換毛
·長恆齒

第240天　8個月
·公狗具備生殖機能，母狗開始發情—生理期降臨
·小型犬會長到成犬的大小（大型犬要到1歲以後）

第365天　12個月
★換吃成犬專用食物

狗食常識集

飼主們養狗時所關心的問題中，
最具代表性的就是和飲食相關的知識。
在此，從狗狗的健康到訓練，
從各方觀點來探討狗狗的「飲食」常識。

2
對狗狗來說美食為何？

狗狗的味蕾（味覺細胞）只有人類的 1/5，所以對牠們來說，氣味遠比味道來得重要。比起冰冷的食物牠們更愛和人體溫相近的溫食，「溫熱」和「香噴噴的氣味」是讓牠們食慾大增最好的方法。再者比起將食物放在狗碗裡，直接把食物給狗狗，滿足感也會比較高。

1
固定吃飯時間比較好嗎？

狗狗和人一樣，只要是健康的成犬，即使吃飯時間稍有變動或次數減少，都不會有什麼大問題。但一天固定餵食兩次的確對狗狗的身體較好。但如果餵食的時間太固定的話，這個習慣就會深深地被記在狗狗腦海裡，只要時間一到，就會吵著要吃飯而開始吠叫。

3
狗狗要吃多少才會飽呢？

遠古時期，狗的祖先－狼群居並以狩獵維生，有時還會因把目標放在比自己還大的獵物上，所以常常捕不到獵物，持續好幾天沒有東西吃。因此，牠們養成為身體儲備食物的習慣。即使飽到吐，還是會不停地吃，所以注意不要給狗狗太多食物喔。

7 如何界定狗狗的胖瘦？

狗的體格不同，理想的體重也不同。所以與其看各個犬種的理想體重，通常是用BCS（Body condition score），就是以狗的脂肪量和體型外觀為標準來判定狗的胖瘦。BCS可在用狗食公司的網站查到詳細資料。（日本寵物食品 http://www.npf.co.jp）

4 不要給狗吃零食比較好嗎？

狗狗和人一樣，零食吃太多的話正餐會吃不下而導致營養失調。狗狗無法自己控制食量，所以飼主必須自己注意，零食量控制在正餐的10%以下，才不會造成營養失調。如果以零食作為狗狗聽話的獎勵，記得要減少那天正餐的份量。

8 犬種不同，食慾也會有差嗎？

雖然會有個體上的差異，但一般而言，大致可分成貪吃的犬種和不貪吃的犬種兩種。前者的代表犬種有獵犬類、米格魯、查理士王小獵犬、可卡獵犬；後者的代表犬種有阿富汗獵犬等，視覺獵犬和日本犬。

5 狗狗也會因食物而導致過敏嗎？

最容易成為過敏源的食材首推蛋白質，其次是碳水化合物，此外其他食材也有可能造成過敏的現象發生。而過敏發作的症狀也因狗而異，所以如果發現可疑食材的話，帶去獸醫院檢查一下比較好。此外在市售狗食裡，有些微量添加物也可能導致過敏。

9 面對挑食的狗狗要如何是好？

首先要做的就是確認狗狗是否真的挑食。例如，在剩飯中加入美味的配料，狗會認為只要每次都把飯剩下來，就會得到這樣的優惠。所以要在食物中天加配料增加食物口感的話，應該一開始就加進去，然後後慢慢地減少添加的量，讓狗狗能慢慢習慣。

6 過敏時的主要症狀為何？

最普遍的過敏症狀是皮膚發癢和濕疹，有時也會產生腹瀉和嘔吐等消化系統的疾病。此外過敏也會引起一種過敏性休克（Anaphylactic Shock），雖這是極罕見的病例，但最好是早期發現，早期治療。所以如果發現狗狗有什麼異常症狀，要快點跟獸醫連絡喔。

不可以讓狗狗吃的食物

狗和人都是雜食性動物，
但人類的食物中也有些是狗狗不能吃的。

人類的狗的狗，基本身構造雖然機能上一樣，但是機能上還是有所差異。如果直接餵以人類的食物，可能會讓狗狗陷入無法預期的風險中。人類的日常飲

NG food 01

巧克力

巧克力中含有和咖啡因同樣有興奮作用的生物鹼（alkaloid）——可可鹼（theobromine），大量攝取會刺激中樞神經，還可能會導致急性的心臟衰竭。小型犬吃一塊平板巧克力即可致命。

NG food 03

加熱後的骨頭

特別是雞骨頭，狗在咀嚼時，會垂直裂開，骨頭的尖端可能會刺傷狗的喉嚨和內臟。

NG food 02

生蛋

雞蛋是很好的蛋白質來源，但如果直接給狗狗吃生蛋，容易造成腹瀉。經過加熱處理的蛋就不會有問題。

NG food 05

硬的魚骨頭

狗吃東西的習慣是整個吞下去。小的骨頭是沒什麼關係，但像鯛魚般硬的魚骨，就可能會刺傷狗的喉嚨和內臟。

NG food 04

牛奶

牛奶中的乳糖是藉一種名為乳糖酶的酵素才得以消化吸收，狗狗體內缺乏這個酵素，所以喝牛奶會容易拉肚子。

NG food 06

甜食

過剩的糖份會成為肥胖的主因，而肥胖則是心臟病和糖尿病等疾病的始作俑者。此外，糖份也會妨礙淨化骨頭和牙齒的體液運作，而造成骨骼和牙齒的衰弱，也會破壞維他命 C，絕對不要餵狗狗含有糖份的點心喔。

食中，有些東西對狗狗來說卻像毒藥一樣危險，其中最有名的就是蔥類。在漢堡肉中通常會加入很多洋蔥，蔥是狗的毒藥，注意切勿拿去餵狗喔。

除了下方所介紹的食物外，在歐洲也發生因綠花椰菜和油菜類的青菜而造成狗狗拉肚子和消化不良等現象。不過這也是依體質而異，有些狗吃了也沒事，所以如果狗食用時有任何反應的話，盡量不要餵食同類型的食物。

NG food 08

香辛料

香辛料中的刺激性物質不但會刺激胃部，對肝臟和腎臟也不太好，所以最好盡量避免餵食。

NG food 07

大量的鹽份

狗狗喜歡鹹口味所以更要注意。鹽份攝取過量會導致肝臟的疾病和高血壓，仙貝等零食最好也不要拿去餵狗喔。

NG food 10

木糖醇（xylitol）

通常被用在無糖點心和牙膏中的人工甘味料－木糖醇，會造成狗狗在肝臟方面的疾病。

NG food 09

夏威夷豆（macadamia nuts）

狗狗如果吃到夏威夷豆，除了嘔吐之外、還會出現身體虛弱、鬱悶、運動失調及體溫升高等症狀。

NG food 13

蔥類

蔥類含有一種成份，被腸胃吸收的話，會破壞血液中的紅血球，也就是所謂的溶血作用。會造成狗狗貧血，嚴重時甚至會致死。而且，不只蔥本身，只要是有吸收到蔥類成份的食物，例如味噌湯和火鍋鍋底，也不可以給狗狗吃。

NG food 11

葡萄乾

葡萄以及乾燥後製成的葡萄乾，都可能會造成狗狗嘔吐、腹瀉和急性腎衰竭等症狀。

NG food 12

花枝、章魚、貝類

這類食物不易消化，會造成狗狗腸胃的負擔，而引起便秘、腹瀉等消化系統方面的毛病。

家中的危險物品

雖然這些東西沒味道，而且肚子也不餓，
狗狗還是會把它們放進嘴裡。
記得檢查一下狗狗活動的範圍內有沒有這類東西喔！

玻璃彈珠

不慎吞入腹中的話，多半都會和糞便一
起排出來。如果體積太大有需要開刀才
能取出的案例。此外，橡皮製的小圓球
也很容易被狗狗誤食。

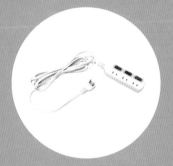

電線、插頭

狗狗最愛繩子狀的東西了，所以很容易
將電線當成玩具咬下去導致觸電。記得
在電線外套上保護套，或將它藏在家具
裡千萬別讓狗狗看到。

常春藤

常春藤（Ivy），學名 Hedera helix，是
一種很受歡迎的觀葉植物，其中葉子和
果實具有毒性，會強烈刺激皮膚，用嘴
舔舐會讓狗口乾舌燥，口水大量湧出。

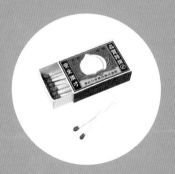

火柴

火柴棒的前端含有有毒物質。記得要保
管在狗狗碰不到的地方，用完立刻收
好。此外，也要注意千萬別把香煙和煙
蒂遺落在地面上。

當你環視家中各角落，會意外地發現對狗來說的危險物品還真不少，飼主們要先理解哪些東西對狗狗來說是「危險」的，並且讓狗狗遠離它們，不要接觸。

其中，特別是幼犬更需要注意。對幼犬來說，周圍的東西都是「磨牙的玩具」。所以要迎接幼犬回家的飼主們，一定要先整理好環境，將不能咬的東西徹底移開，並且為狗狗準備磨牙專用的玩具。等到幼犬認知的觀念時，再慢慢地將家中的擺設恢復到原來的狀態。

只要是能放進嘴裡的東西的大小，狗狗都會將它放進嘴巴。如果飼主反應過於慌張的話，狗狗反而會反射性地吞下去。

只有玩具可以咬上狗的唾液的話很容易就會吞下去。如果卡在食道中或賁門口的話很容易危及生命。家中有孩童的家庭，記得要檢查一下這類小東西有沒有不小心掉落在地上。特別是玻璃彈珠和橡膠球等圓球狀的物品，只是沾上狗的唾液的話很容易就會吞下去。

這時候當然還是要注意，一定要把有誤食危險或有毒的東西，放置在高處，或是狗狗接觸不到的地方。

此外，最容易忽視的是植物。觀葉植物和種植在陽台、庭院的盆栽、路邊的花草，往往含有不為人知的毒性。記得檢查一下平常散步的路徑，所有狗狗可能會觸碰到的植物裡是否有毒。

其他還有這些植物需要注意喔！

蕃茄
葉和莖中含有一種叫做那可汀（Narcotine）的有毒物質，觸碰到的話會使皮膚發炎。

南天竺
不小心吃到南天竺的果實，會讓狗狗引發神經麻痺等症狀。

蓬萊紫
花和葉子中含有一種叫「瑞香素」（daphnetin）的成份，碰到嘴巴就會導致狗狗出現嘔吐腹痛等症狀。

牽牛花

夏天的代表性植物之一「牽牛花」，其種子對狗狗來說也是毒藥。不慎吞食會出現嘔吐、腹瀉等症狀。因為那個種子很小不易察覺，請多加注意。

FAMILY

D O G with

狗狗和家人親密度UP教戰手冊

狗狗和媽媽、狗狗和爸爸、狗狗和小孩……。
和愛犬相處過程中的「疑問」和「困惑」，每個家庭都不同吧。
在此為您介紹能提升和愛犬間的親密度的小技巧，讓所有的煩惱和疑問煙消雲散吧！

重新一下審視人狗關係吧。

飼主中也有各式各樣類型的人吧。
在此將「飼主」以家庭成員分類。
Check一下自己是屬於哪一種飼主，
再來思考增進人狗感情的方法。

養狗人士中也有己屬於哪一種類型的飼主。在下一頁中，有為各類飼主準備的與狗相處的生活小片段和建議。找尋和自己相近的飼主模式，詳讀特徵介紹和解決方法，其中所介紹的小技巧，希望大家能運用於實際生活中。

當然，也可以思索一下自己的家人屬於哪種類型，重新審視飼主和愛犬周圍的環境，自然就能觀察出其中的關連性。要一一為您介紹各個成員與狗相處時的特徵及優缺點，和增加人狗感情的小技巧。

檢視現在的生活型態和與狗的相處模式，來判斷一下自

各式個樣類型的人。在此先將飼主分成以下四種：（1）長時間與狗狗相處的人。（2）和狗狗相處時間不長的人。（3）不知如何與狗狗相處，會惡整狗狗的人。（4）認為狗狗是應該飼養在室外的人。

將以上的四種類型與家族中的成員作對照。（1）媽媽、（2）爸爸、（3）小孩、（4）爺爺、奶奶。接下來，我們將出其中的關連性。要能和狗狗和樂相處，了解飼主類型和學習員與狗相處時的特徵親近狗狗的小技巧也是很重要的。

和狗狗長時間相處
最重要的是細心
重視每一個小細節

mama

　　母親在家中擔任一手扛起照顧狗狗的責任，和狗狗相處時間最長的角色。檢查一下餵狗、遛狗等事是否都淪於照表操課的例行公事？有時候還會因為一整天都和狗狗待在一起，反而容易忽略狗狗。如果是這樣，最辛苦照顧狗狗的媽媽，對狗狗來說可能會變成一個很無趣的存在。
　　為了不要讓狗狗認為你只是個保障基本生活的對象，必須重新檢討一下你和狗狗間的關係。對於像是媽媽這樣可以長時間與狗狗相處的人，建議利用這個優勢，來增進和狗狗間的感情交流（詳細方法請參考P194～）。與狗狗相處的模式要盡量有變化！

在家時間較短
和狗相處時間不多
最好採取
簡單易懂的相處方式

papa

　　早出晚歸，和狗狗相處時間不多，像父親這種類型的人，和狗狗的相處之道就是要在牠面前扮演一個良好的溝通角色。狗狗喜歡持有一貫性的態度且簡明易懂的人（參考P204～）。例如，訓練狗狗時與其拖拖拉拉地花一個小時，不如集中訓練3分鐘。如果飼主過於情緒化而任意改變規則，很容易讓狗狗陷入混亂狀態。所以，即使時間很短，只要給牠「相處愉快」的印象，狗狗一樣會很喜歡爸爸喔。也可以做一些會讓狗狗感到驚喜的特別服務，例如回家時空出和狗狗遊玩的時間，上班前帶狗散步等等，讓狗狗覺得開心，同時也盡可能讓相處模式有所變化。

如果小孩會欺負狗狗
父母就要扮演好教導的角色
教育小孩如何和狗狗相處

child

　　小孩很容易對狗狗作出無規則可循的行為。有時和狗狗玩得很盡興，有時卻會追趕牠，或突然將狗狗抱起來而讓狗狗因此受到驚嚇。對狗狗來說，小孩簡直就是外星人，行為完全無法預測。

　　這時，父母就必須要教導小孩與狗狗相處的正確方式（參考P214～）。特別是幼小的孩子，就算只是撒嬌般地啃咬都有可能被咬傷。如果狗狗已經開始緊張並發出壓力訊號時，還硬要靠近牠，就有被大聲吠叫或被咬的風險。為了以防萬一，在孩子尚未習慣與狗狗好好相處時，孩子跟狗狗一起玩耍時，最好有大人陪伴在旁比較保險。

想和狗狗玩
卻不知與狗狗的相處之道
家人應多協助他們

grand
ma

grand
pa

　　現今，愈來愈多人習慣將狗養在室內，但以前很多人都認為應該飼養在外面。如果像爺爺、奶奶這種普遍有著「狗應該在門外幫主人看家」觀念的人們，當然會很不習慣和狗生活在同一間屋子裡。曾因狗叫聲受過驚嚇，或有被狗咬的經驗的人，更是無法接受與狗狗共同生活。狗狗也會感受到人們的不安情緒，而受到影響。所以如果爺爺奶奶不習慣狗狗的話，請全家人一起來協助他們，讓年長者也能慢慢找到與狗狗的相處之道（參考P214～）。多花點時間，慢慢建立起人狗的良好關係吧。

DOG with FAMILY

增進 1 對 1 的關係
就可以讓感情變得更好

同時飼養多隻狗狗會增加時間和金錢的支出，
但相對的喜悅也會隨之倍增變得更。
以下一次為您解答同時飼養多隻狗狗時會產生的大小疑問。

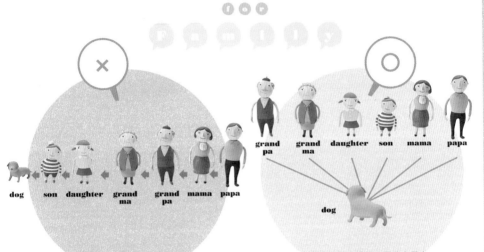

× dog ← son ← daughter ← grand ma ← grand pa ← mama ← papa

狗並沒有「長幼有序」的想法，
而飼養在家中的狗也不會想要支
配人類。

○ grand pa　grand ma　daughter　son　mama　papa → dog

狗狗會先觀察過後，再建立與人
的關係，不會認為「那個人的地
位比我高，我該聽他的話」，而
是看聽話之後有沒有好處，再決
定要不要服從。所以每個人和每
隻狗之間的關係都很重要。

在說明多隻飼養之前，首先要釐清一個觀念，其實飼養狗狗並不會將飼主一家人當成一個群體，也沒有地位高低的概念。狗狗在人類社會中，注重的是個人和自己之間的關係，而不是群體間的上下關係。

如果家中飼養一隻以上的狗狗，最重要的事情就是分別建立家中個人和單隻狗的關係。當然，培養狗同伴間的感情也很重要。但是，如果狗狗間相處過於親密，相對上飼主的存在就會變得不甚重要，而提高狗狗相互間的依賴性。如果能一直生活在一起倒也是沒什麼問題，但萬一發生意外，例如其中一隻狗

立即上手！增進人狗關係大作戰

即使知道「多隻飼養必須重視與每隻狗之間的關係」，卻不知如何下手的話該怎麼辦？
這裡將可能發生的情況分門別類，並提出解決方法。

case 2　吃飯時

多隻飼養時，常會發生狗狗之間搶奪食物的狀況。若只是讓其中一隻狗胖一點的話倒無所謂，但如果狗對會某食物產生過敏反應，或正值食療期間，就會有問題。這時最好準備每隻狗專用的狗籠，訓練狗狗在自己的籠子裡吃飯的習慣。

case 1　散步時

首先，散步的時候應將每隻狗分開，飼養的狗超過3隻的話，可以不時改變成員的組合，每次帶不同的狗去散步。帶兩隻以上的狗去散步時，遛狗繩控制的難度會變高，長度以120cm為宜。可收縮的遛狗繩由於較不易控制，故不建議飼主使用。

case 4　睡覺時

若不方便讓狗狗分開散步、外出和進食，至少要讓牠們分開睡。此外一天撥個幾分鐘也好，讓狗狗們練習待在籠子裡。因為在危難發生之際，狗狗待在自己的籠子裡才能確保安全，所以讓狗狗早點開始習慣比較好喔。

case 3　回家時

飼主回家時，可以讓狗狗們在玄關大集合！等狗狗們平靜下來坐好之後，再一一稱讚牠們，藉此來訓練狗狗。但是對於剛開始養第2隻狗的飼主，很容易萬事都以新狗狗為主。這時應考慮一下老狗的心情，凡事還是先以老狗為優先較好。

生病必須住院時，產生狗狗們分不開的問題就會很麻煩。

特別是第2隻之後的狗狗，可能沒有的狗狗，獨處的經驗，而對獨處這件事感到壓力，為以防萬一，飼主應有計劃地製造出每隻狗狗獨處的時間，例如讓每隻狗狗分開散步，讓飼主個人和單隻狗有獨處機會。

此外，如果同時飼養3隻以上狗狗，除了建立和每隻狗的關係外，還要好好地觀察狗同伴間的相處狀況。在事態變嚴重之前，先重新審視一下狗同伴間的關係和人狗間的關係吧。

看家的時候
偷偷睡個午覺最幸福了！
但是……

親密度 UP 教戰手冊

Q.81

狗狗可以和人睡在同一張床上嗎？

A.

可以
但飼主必須堅持自己的立場

　　如果狗狗還是幼犬，最好先確定是否學會上廁所？若還沒學會，為了以防萬一，還是讓狗狗睡在籠子裡比較安心。如果已經訓練得很好，就可以讓狗狗睡在床上。但是，飼主必須要體認自己身為飼主的立場，必須時時讓狗狗了解到是牠在配合人類。如果一直先讓狗狗上床睡，狗狗會誤以為床是屬於自己的領域，反而衍生出難以管教的問題，這點一定要注意。所以如果要跟狗睡在同一張床的話，最好習慣讓人先上床睡。

A.

我們運用事件間的
關聯記憶
所以知道
吃飯時間
快到了

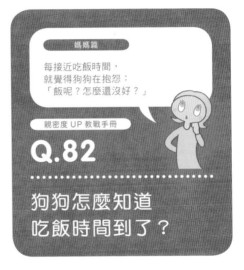

媽媽篇

每接近吃飯時間，
就覺得狗狗在抱怨：
「飯呢？怎麼還沒好？」

親密度 UP 教戰手冊

Q.82

狗狗怎麼知道
吃飯時間到了？

　　人類到了平日該起床的時間，在鬧鐘響之前，也有人會自動醒來不是嗎？我們狗狗也是只要到了某個固定的時間，自然就會知道該做什麼事。而且跟人類聞到食物的香味，就會飢腸轆轆一樣，我們狗狗當然也知道吃飯時間快到了。

　　對我們來說，「○○之後△△」，利用事情間的關聯性來進行記憶學習。傍晚音樂響起，就知道例行的電視節目要開始了，吃飯的時間固定後，只要那個音樂響起，就會知道「該吃飯囉！」。

媽媽篇

寶寶快出生了，
狗狗是否能和
小貝比相處融洽呢？

親密度 UP 教戰手冊

Q.83

狗狗是怎麼 看待小嬰兒的

A.

初期會有點不適應 但經過一段時間就會習慣了

剛開始可能會覺得「家中多了個沒看過的生物」而嚇一大跳。那個生物會發出前所未聞的哭鬧聲，發出陌生的氣味，最重要的是，他還搶走了全家人的注意力。當狗狗想要一探究竟，舔一下他看看，卻被全家責罵……，因此感到非常失落，還想要惡作劇。這是我們「希望得到飼主關切」的訊號，希望你們能諒解。不過只要相處時間一長，狗狗也會慢慢地變得習慣跟小嬰兒相處。

增進人狗關係大作戰
媽媽篇

和狗狗相處時間最長的媽媽，
重點在於採取有所變化的相處模式。
時間上較其他家庭成員充裕，
可找出專屬媽媽的遛狗技巧、餵食方法和花心思製作的玩具，
以下就為您介紹專為媽媽設計的特別企劃。

常見狀況

媽媽和狗相處的時間較長，所以喜怒哀樂，一舉一動都在狗狗的觀察下，所以狗也容易認為媽媽的行動缺少一貫性。對照右邊的行動表，檢視自己的行為！

只要惡作劇，媽媽就會陪我玩

狗狗在咬沙發腳時，你會不會生氣地跑過來責罵牠呢？狗狗聽不懂責罵的內容，反而會誤以為只要咬東西，媽媽就會來跟牠玩喔。

乖乖坐好就會餵我吃飯

一到吃飯時間，就像照表操課一樣，命令狗狗「坐下→等等→開動」，如果每天都這個順序一板一眼進行，狗狗也會感到厭倦的。

轉個圈露出肚肚，媽媽就會很開心

在人類的想法裡，狗狗露出腹部就代表服從，說不定狗狗就是因為了解人類的這種想法，為了取悅飼主，常常做出轉圈倒下露肚肚的小動作。

撫摸我時媽媽就會變得很平靜

因為長時間相處，媽媽很容易變得依賴狗狗，不管做什麼事情都習慣狗狗陪在一旁，漫長無趣的相處，可能會降低飼主在狗狗心目中的魅力。

完全滿足我的要求

看到狗兒們可愛的臉龐，淚眼汪汪的乞求攻勢，要保持自制力並不容易吧，這時你會不會忍不住就餵狗吃零食，陪狗狗玩呢？

可以讓我陪她睡午睡

沙發除了「陪媽媽睡午覺的時候以外都不能上去」的規定，會讓狗覺得「為什麼有時候可以，現在卻不行？」而感到混亂無法理解。

媽媽雖然從早到晚都和狗狗膩在一起，但如果不多加注意，人狗關係反而會變得沒有原則。擔負散步、餵食等責任的媽媽，對狗狗來說應該是一個很重要的存在角色。

在此為您介紹為和狗狗相處時間較為充裕的人們準備的作

戰計劃。例如，利用散步的機會來增加在自己在狗狗心目中的待」。狗狗的嗅覺相當魅力，就是個不錯的地發達，所以也很擅長策略。像是倒垃圾、用鼻子找東西。媽媽可寄信等短暫時間，都以把獎品藏在狗狗專用是個很好的遛狗機的智育玩具裡讓狗狗去會。對於在固定時間找，很簡單對吧！

都會吵著要散步的狗此外，有時間的狗，可試著在牠意想話，也可以挑戰親手製不到的時間帶牠出作玩具。這裡介紹的都門，並且每天採取不是簡單便宜又容易製作同的散步路線，以充的玩具。比起讓狗狗自份掌握散步的主導己玩耍，不如利用這個權。機會展現自己的重要存

如果希望增加在。既然要做，就做個狗狗心目中的地位，可以和狗狗一同分享的最好的方法就是用手玩具吧。餵狗狗吃飯。狗會因日常生活中只要此認為「只要媽媽在稍微轉變一下態度，就旁邊，就會有好事發能瞬間拉近人狗距離。生」，食物也有訓練快利用這個機會，擺脫狗狗耐心的功能，例狗狗心目中「無聊媽如，在發電子郵件或媽」的形象吧！讀書時，可以利用食

利用散步時間

散步是獨佔愛犬感情的寶貴時間，媽媽應試著掌握主導權，盡量增加散步的次數，即使只有短短幾分鐘也可以善加利用。對於到了一定時間就會吵著要散步的狗狗，可以試著提早帶牠出門，讓牠沒有機會吵鬧。

散步時別忘了要常常讚美狗狗

當狗不硬扯遛狗繩，乖乖地走在媽媽旁邊時，可適時讚美並餵零食獎賞。持續這樣做，就能提高媽媽在狗狗心目中的地位。

選擇人多的地方遛狗

如果平時都選擇安靜的地方散步，偶爾可以改變路徑，選擇較熱鬧的場所。

利用片段外出的時間遛狗

善用倒垃圾、寄信等日常生活中的瑣碎時間，增加和狗狗一起外出的次數。

善用餵食機會

反正都要餵狗，不如利用這個機會，和狗狗建立良好溝通。　1：忙著打簡訊時，命令狗狗「等待」，途中不定時給牠一點零食作為獎賞，最後記得解除「等待」指令。　2：用手拿起狗食，一顆一顆親手餵食，可讓狗狗因此學會待在媽媽身旁。　3：將狗狗最喜歡的零食塞在智育玩具裡，讓狗狗尋寶。

讓狗狗玩
尋寶遊戲

利用餵食機會
進行訓練

忙著打
手機簡訊時

智育玩具
的使用方式

有很多人不知道如何使用，這種可讓狗狗一個人玩得非常開心的智育玩具，以下就為您說明使用方法。

提高玩具的吸引力，可放狗狗最愛的食物，完全的塞進玩具裡。

裝入小顆狗食。不過如果只是這樣，狗食很容易就會掉出來。

最後將體積稍大的零食當作蓋子塞入，增加狗狗取出零食的難度。

將薄薄的肉乾塞在裡面，稍微捲起後塞入，這樣就會較難取出。

利用寶貴的時間來做個媽媽的特製玩具吧。主要材料可在百元商店購得，製作方法也非常簡單。以下介紹三種簡易玩具的製作法。準備好材料，只要短短幾分鐘即可完成。

動手做玩具

1．塑膠水管
2．粗一點的繩子
3．襪子和
　　會發出聲音的球

做　法

一起玩吧！

將會發出聲音的橡皮球藏在襪子裡，就變成很棒的神奇玩具。這種球很容易狗狗咬壞，放在襪子裡就能用久一點。記得選長一點的襪子喔！

準備棉繩數條（一條約3m），綁成辮子的形狀。如果繩子太細就多用幾條，對於較矮的狗狗，用長一點的繩子對飼主來說比較輕鬆。

將塑膠水管剪至適當的長度。兩端打個結綁起來，就可以用它來玩拉扯遊戲。也可以在管子中間斜切一個小洞，放入食物來增加樂趣。

爸爸篇

明明才教會
「坐下」和「趴下」
的說……

親密度 UP 教戰手冊

Q.84

為什麼狗狗
會忘記
已學會的規矩？

A.

狗狗可能根本就沒學會吧

　　雖然狗狗看起來「應該學會了」，但大多只是因飼主認為已經「教過」，事實上狗狗並沒有真的學會。狗狗要經過多次的經驗累積，才能慢慢地學會。特別是幼犬，只要環境稍有改變就會陷入混亂的狀態。例如訓練狗狗上廁所時，如果突然覺得如廁地點和氣味變得不一樣，就會因此感到不知所措。偶然成功了幾次，飼主就判定狗狗「已學會」，實在是言之過早。當狗狗練習成功時，有沒有好好稱讚牠？如果狗狗不聽話，是不是總是就此罷休？如果對待狗狗的態度沒有一貫性，牠們會無所適從。

有人會暈車，有些人不會。而狗也分成易暈車和完全不會暈車的狗狗。這是因為在耳朵深處，有個專門掌管身體平衡的三半規管，小狗因這個部份尚未健全，所以比成犬容易暈車。此外，狗狗無法預測紅綠燈和車子運作，以及道路的彎曲狀況，也因體重較輕的關係，容易受到車子移動的影響。容易暈車的狗狗，只要把牠放在籠子裡綁上狗專用安全帶，讓身體保持穩定狀態即可。再者，如果每次坐車都是去一些狗狗不喜歡的地方，會增加狗狗對坐車的負面印象，變得更容易暈車。因此多載狗狗去一些好玩的地方吧！

A.

和人類一樣
幼犬比成犬
更容易暈車

爸爸篇

難得假日
想帶愛犬兜兜風！
但可以讓狗狗坐車嗎？

親密度 UP 教戰手冊

Q.85

狗狗
也會
暈車嗎？

201

A.

狗狗具有
傲人的聽力
和感覺微弱
電磁波的能力

我回來了！

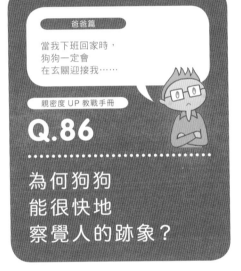

爸爸篇

當我下班回家時，
狗狗一定會
在玄關迎接我……

親密度 UP 教戰手冊

Q.86

為何狗狗
能很快地
察覺人的跡象？

　　狗狗鼻子比人類靈，耳朵也較聰敏。聽力約是人類的6倍，聽取範圍約人的4倍，即使未見人影，只要根據腳步聲就可以判斷是爸爸回家了。

　　除了鼻子和耳朵之外，狗狗還能感應到微弱的電磁波。人體會發出微弱的電磁波，傳達到地面，在人類行走時，腳和地面就會發出這種電磁波，由於每個人的波長都不同，所以狗狗可根據波長判斷來者是誰，狗狗聽到這種電磁波就能辨別是熟悉的親人還有陌生人。當爸爸一回家，狗狗遠遠就能知道爸爸準備要開門，搶先在玄關迎接他。

DOG with FAMILY

增進人狗關係大作戰
爸爸篇

因為長時間工作，
回家之後也少有閒暇陪伴狗狗的爸爸，
最重要的就是
將短暫的相處時光變得更加多采多姿。
首先，就要了解怎樣才稱得上是狗心目中的最佳飼主。

狗狗喜歡
態度一致的人

什麼樣的人才是狗狗心目中的好主人？

首先，當然要愛狗，懂得如何和狗狗玩。狗狗會從各個方面來觀察飼主，狗狗喜歡相處起來快樂的人。當然，也會喜歡負責餵食，或帶牠們去散步的人。但是，如果因愛犬心切，完全滿足狗狗的要求，只會讓狗狗覺得你很好利用而已。

因此對待狗狗的態度，一貫性相當重要，時而溫柔、時而嚴厲，這種過度軟硬兼施的方法，反而會讓狗狗造成混亂。正因爸爸和狗狗相處時間短，可被觀察的時間不多，和狗狗相處時，更應保持一貫的態度。

爸爸們！努力做狗狗心目中的好主人吧。

帶狗狗開車兜風的基本禮節

01

每隔一小時停車休息一次

因應狗狗的體格、個性和季節變化等條件，如果是3小時左右的車程，最好每隔1小時就休息1次。出門前先查好交通和高速公路的人需時間，利用車站要把休息站等可提供休憩的地點和位置調查清楚。

休息時間約20～30分鐘，利用這個時間讓狗狗大小便。來為狗狗計劃一個悠閒的行程吧

02

不要把狗狗單獨留在車內

單獨待在車上會帶給狗狗很大的精神壓力，特別是在炎熱的夏日，如果車內溫度較高，如果不開冷氣直接將狗鎖在車內的話，狗狗還可能會因此中暑致死。

此外，下車時注意不要讓狗狗先跳下車。下車前要先幫狗套上遛狗繩，小型犬必須用抱的，大型犬飼主也要確認安全後才能讓牠下車。

> 增加
> 車內的
> 舒適度

狗狗坐副座，一定要綁上安全帶

為防止狗因加減速搖晃而摔下椅子或飛出窗外，記得幫狗狗綁上專用安全帶！

固定狗狗的座位

將狗狗專用的外出袋固定在駕駛座後方，可穩定狗狗的身體，而軟式袋子比較方便收納。

全家一起兜風，爸爸是司機！
為了不要讓無謂的麻煩毀了一家人的興致，
請記住以下帶狗狗兜風的注意事項吧！

03 將車內環境整頓得安全舒適

行車途中，如果放任狗狗將身體伸出車外，很有可能造成狗狗跳出或摔出車外的意外，所以即使想要讓狗狗欣賞車外風景，也記得不要把窗戶開得太大。

讓車內空氣流通時，也要考慮到狗狗的安全，適度打開窗戶即可。

如果一定要將窗戶大大打開時，一定要替狗狗繫上專用安全帶，或使用隔間網、籠子來規範狗狗，不要讓牠亂動。

04 善用狗籠

途中行車只要將狗放在狗籠或外出袋中固定好，就不用擔心牠會因搖晃而受傷，特別是小型犬，一有任何狀況，就容易掉到車座底下，這是相當危險的。

再者將狗放在狗籠裡，狗的身體比較不會過度搖晃，也比較不易暈車。狗看到周圍景物變動時，會有吠叫的傾向，放在狗籠裡，外在景物對狗的刺激會減小，也比較不會胡亂吼叫，在開車外出時很方便的道具是外出時很方便的道具。

區隔駕駛座和後座

要避免靜不下來的狗狗跳到前座影響駕駛安全，就可以使用車用隔板，強制將牠留在後座。

填平後座空隙

行車過程最好避免讓狗狗摔落後座的踏腳處。可利用市售的氣墊將這個份份填滿，將後座整平。

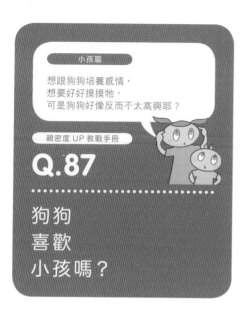

小孩篇

想跟狗狗培養感情，
想要好好摸摸牠，
可是狗狗好像反而不太高興耶？

親密度UP教戰手冊

Q.87

狗狗
喜歡
小孩嗎？

A.

狗狗喜歡溫柔懂事
用心疼愛牠們的小孩

　　多數小孩的行為不具一貫性，有時會突然追著狗狗跑，或無預警抓著狗狗的耳朵或尾巴，所以一般而言，狗狗並不擅於跟小孩相處。即使知道他們並無惡意，還是會對狗狗造成威脅。不過習慣以後，狗狗還是會慢慢喜歡上小孩！在有小孩的家庭中幸福成長的狗狗們，通常都會很喜歡小孩。即使不喜歡，也會為了獲得飼主的稱讚，而盡可能在小孩面前當隻乖狗狗。這樣經驗慢慢累積下，也有助於增進狗狗和小孩之間的關係。

小孩篇

狗狗都聽
媽媽的話，
可是卻不太理我……

親密度 UP 教戰手冊

Q.88

為什麼狗狗
只親近媽媽？

A.

因為媽媽會陪我們玩
也會適時管教我們

狗狗會聽媽媽的話，並不是因為她是「媽媽」。正如前面提過的，狗狗並沒有區分飼主一家人地位尊卑的習慣，只聽媽媽的話，或只親近媽媽，單純只是因為家裡負責帶狗狗散步、處理狗狗便便、餵狗狗吃飯的都是媽媽，狗狗喜歡這樣讓牠們感到快樂的人。而且除了照顧牠們之外，如果狗狗不乖，媽媽也會嚴厲制止，狗狗們覺得這樣的人很酷。如果小朋友也想要得到狗狗的好感，不妨模仿一下媽媽的作為吧，這樣狗狗也會愈來愈喜歡你喔。

A.

狗食毫無
鹹味和甜味
對人來說
可能不太好吃

小孩篇

狗狗的食物
看起來
真美味……

親密度 UP 教戰手冊

Q.89

人類會覺得
狗食好吃嗎？

　　狗狗進食時，總是狼吞虎嚥，彷彿眼前的狗食就像山珍海味一樣好吃，但事實並非如此。狗狗不像人一樣可享用美味的果汁和零食，吃到人類的食物很容易引起疾病，所以只能在固定時間吃固定的食物，即便如此，吃飯時間對狗狗來說還是最歡樂的時光，即使只是狗食，對牠們來說也算美食。但實際上狗食的味道很淡，毫無鹹味和甜味，所以每天吃蛋糕點心，和媽媽的愛心料理的小朋友們，是不會覺得狗食好吃的。

增進人狗感情大作戰
爺爺奶奶、
小朋友篇

為了建立起狗狗和所有家庭成員之間的圓滿關係，
就從沒有壓力的相處模式開始吧。
在此，為第一次和狗狗一起生活的人
介紹跟狗狗問候的方式和溝通禁忌。
首先，從最基本的觸摸學起！

Step 1

用手拍打狗狗、發出巨大的聲響嚇狗狗時，狗
狗的反應都會很有趣，所以令人不禁想惡整
牠。即使不是故意的，不習慣狗狗的人都可能
會不自主對狗狗做出平時不會做的舉動。為了
避免被咬或大聲吠叫，狗狗在吃飯、睡覺或者
沉迷於某事物中時，跟牠不熟的人最好不要接
近牠比較好。

這時不要碰狗狗！

這時
請住手！

小孩對狗狗的態度，會因情緒而產生極端性變化，毫無一致性可言；還有對狗狗的認知停留於看門狗，不知如何與家庭中的寵物犬和平相處的爺爺奶奶，這兩種人對狗狗來說，都是行動相當難以理解的家庭成員。

以下就針對這樣的對象，為您說明與狗狗最基本的相處之道和溝通方式。對照看看您家中的現狀吧！

正因人狗的生活習慣、想法相差甚遠，所以與狗狗之間合宜的應對進退就更顯重要。周圍的家族成員也幫幫他們吧！

注意狗狗的變化

狗狗是種敏感的生物，如果感到壓力，精神上就會顯得很不安定，身體若突然變得僵硬，或者出現不斷抓癢等行為，就別再刺激牠，以免增加牠的負擔。如果狗狗明顯出現下表列舉的壓力警訊，最好暫時避免讓牠與小孩或不熟的人接觸。

狗狗感到壓力時會出現這些症狀

- ○ 黑眼球變大
- ○ 眉間、嘴角出現皺紋
- ○ 耳朵向後豎起
- ○ 白眼球變得明顯
- ○ 打呵欠
- ○ 動作變得畏縮
- ○ 腳底出汗

- ○ 尾巴下垂
- ○ 閃避飼主
- ○ 舔自己的嘴角
- ○ 不停地眨眼
- ○ 對飼主過度撒嬌
- ○ 亂大小便
- ○ 焦躁不安

※ 請參考P34

讓狗狗跟不熟的人或小孩開始接觸時，最好有個狗狗熟悉的人陪伴在旁，以防萬一。窺視狗狗，或從正面接近，都會對狗狗造成威脅。一直盯著狗狗看，也帶有挑釁意味。對於這些不自覺小動作，要多加注意喔！

與狗相處的第一步
接近狗狗時
的注意事項

不讓狗狗感到不安的觸碰方式

為了不要造成狗狗的不安，觸摸時，要先從胸部等狗狗比較容易接受的部位開始撫摸，記得順著狗狗的皮毛，溫柔地撫摸。身高較矮的狗狗，突然從上方伸手摸牠的頭，一定都會嚇一大跳。再者，就算對人類再有興趣的狗狗，如果被長時間直視雙眼，都會覺得自己受到挑釁。

利用肢體語言尋求狗狗同意

想觸摸狗狗要先取得狗狗的同意。不要和狗狗面對面，先蹲跪在狗狗的旁邊，手輕輕握拳，放至狗狗鼻子的位置。如果狗狗開始聞你的手，就表示對你有興趣。如果狗狗躲到熟人身後或不搭理你，最好不要再繼續勉強牠。另外，也要盡量避免和牠面對面直視，在狗狗的世界裡帶有挑釁意味的「直視眼睛」動作！

狗狗感到不喜被撫摸的身體部位

胸骨凸出來的部份，從頭部到背部一帶，都是狗狗喜歡被觸摸的部位。相反的，尾巴、鼻尖和耳朵前端部份因為敏感，不喜歡被觸摸；有些人喜歡突然伸手抓狗狗的尾巴和鼻尖，這點一定要事先告訴跟狗狗不熟的人，請他們避免這樣的行為。再者，狗狗的身高比人低，所以人很容易就會擋在牠的上方，這樣也會讓狗狗受到驚嚇，千萬要注意喔！

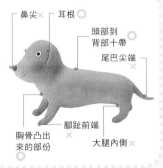

鼻尖 × ┃ 耳根 ○
頭部到背部十帶 ○
尾巴尖端 ×
腳趾前端 ×
胸骨凸出來的部份 ×
大腿內側 ×

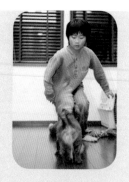

避免讓狗狗受到驚嚇

特別是淘氣的小孩，很容易在和狗狗玩的過程中，做出一把抓住狗的耳朵和尾巴，這種突發性且亂來的動作。如果狗狗過度激動，要牠冷靜下來就得費上好大的工夫。此外，突然把手伸到狗的頭部上方，也會嚇到狗狗，千萬要注意！

不可以打狗狗

就算沒有體罰的意思，有的人也會突然伸手拍打狗狗。這樣的動作只會讓牠感到疼痛和恐懼，可能留下不好印象從此害怕這個人，也可能導致大聲吠叫或咬人。

不要直視眼睛罵狗狗

用人類的語言罵狗狗，牠本來就聽不懂；如果再加上直視狗狗的眼睛，只會讓覺得牠可怕。狗狗世界和人類世界的常識本來就不同，直視眼睛罵牠，對問題一點幫助也沒有。

不要抓狗的口鼻部位

狗狗的口鼻部位、鼻尖和腳尖都相當敏感，所以只有會同意那些牠們所信任的人觸摸，或在遊玩時接受他們用手輕壓。但別太用力把狗弄痛，否則只會增加狗狗的反感。

不要勉強狗狗翻出肚子

狗狗露出肚子是在表示親密的情感和歡欣的心情，但只限於自發性的行為。如果抓住狗狗的前腳，勉強將牠翻身露肚子是一點意義都沒有的。

不要大聲罵狗狗

狗狗聽不懂人類的語言，所以就算大聲訓斥狗狗，牠也不知道牠做錯了什麼，或接下來該如何是好。大聲責罵只會讓狗狗覺得很恐怖而已，而且狗狗根本聽不懂，一點好處也沒有。

訂定
家庭規範
增進
人狗感情！

採取原則一致的態度，
狗狗才比較容易理解人的想法。
因此，全家一同來訂立家庭規範，
為成為狗的「知音」而努力吧！

rule 1

用
食物
作為溝通管道

• • • • • • • • • • • • • • •

為了增進人狗感情，利用狗食，來跟狗狗建立良好溝通吧！例如，狗狗一日食用100g狗食，就將這100g飼料分配給全家人，輪流餵食，或利用餵食機會進行訓練。雖然每個人所分到的狗食不多，卻可讓每個人都有機會能跟狗狗接觸，藉機培養感情。

rule 3

輪流
餵狗

• • • • • • • • • • • • • • •

餵狗很容易就變成媽媽的工作，全家人一起來想想分擔這個工作的方法吧！為了狗狗的健康，一天中狗食的總量也應由全家人來掌握。可採用每個人輪流測量並準備狗狗當天份的食用量，或是事先制定好好每個人的餵食量。

rule 2

製作
照顧狗狗的
集點券

• • • • • • • • • • • • • • •

為每個家人製作照顧狗狗次數的集點券吧！例如，散步、餵食、清除排泄物等，做一件事就蓋一次章，讓家人們共同分擔照顧狗狗的責任，也可以讓每個家人都有時間和狗接觸。之後再依喜好調整每個人的工作內容，讓每個人都能開開心心地照顧狗狗。

切勿拿
人類的食物
餵狗！

人類的食物不要拿去餵狗！也不要屈於狗狗的乞討攻勢就給吃人的食物，這樣不只無法掌握一天該食用的量，人類的食物中常含有狗狗所不能吃的，例如巧克力和蔥類等成份，可能會引起中毒現象，所以最好盡量避免餵狗狗吃人的食物。

一天挪出
3分鐘
來訓練狗狗

一天中，即使只有3分鐘也好，每個家人應設法挪出一點時間來與狗單獨相處。並且，在那3分鐘裡，集中為狗狗進行禮儀訓練或教牠一些有趣的小把戲，有目的地與狗狗互動，這個意念能傳達給狗狗，而且對狗狗來說，飼主富有變化的對待最為重要。

列出狗狗
可以做和
不可以做的事情

小孩在的時候可以任意在廚房惡作劇，但媽媽一回來就會大叫：「給我滾出去！」。類似這種因人而異的不同規定，會讓狗狗不知如何是好。最好全家一起列出狗可以做和不可以做的事，讓全家人在與狗相處之中，有一個共同的規則可以遵守。

訂好狗狗
可自由通行和
禁止進入的場所

和媽媽在一起時就可以自由進出的房間，只有爺爺奶奶在時，狗狗就不能進去等等。諸如此類人類任意改變的規矩，都很容易讓狗狗陷入混亂，所以最好全家一起列出家中可讓狗自由通行和絕對禁入的場所，並一起確實執行才是最好的解決方法。

乖狗狗養成書

將狗狗常見的壞習慣分門別類，再為您一一剖析生成原因和解決的對策。不用再為狗狗的壞習慣而感到煩惱，只要跟著本書的步驟進行訓練，就能讓您家狗狗變身乖寶寶！

全彩208頁　NT$360.-

了解狗狗的想法

您知道狗狗也有喜怒哀樂嗎？不會說話的狗狗如何表達情緒？本書為您解開狗狗身心的大小秘密！看穿狗狗的心理，就能成為貼心的好主人，增進您與狗狗之間的感情！

全彩224頁　NT$360.-

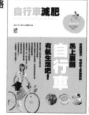

樂活文化全系列優質讀本

PUBLISHING
樂活文化

寵物飼養系列 How to be a good pets owner

了解狗狗的想法

您知道狗狗也有喜怒哀樂嗎？狗狗如何表達情緒？本書為您解開狗狗的大小秘密！增進您與狗狗之間的感情！
全彩224頁
NT$360

乖狗狗養成書

將愛犬常見的壞習慣分門別類，再一一剖析生成原因和解決對策。狗狗的壞習慣將不再是你的困擾。
全彩208頁
NT$360

水族飼養入門手冊

在水族箱這個有限空間，只要花上一點心思用心照料佈置，就能發現原來飼育熱帶魚就是這麼簡單。
全彩240頁
NT$360.

貴賓犬飼養書

充分瞭解貴賓犬的習性是與他們融洽相處的第一步。本書讓您學習到必要的知識，成為一名瞭解愛犬的飼主。
全彩240頁
NT$350.

拾獵犬飼養書

在大型犬中最受歡迎的拾獵犬，從幼犬的照料到訓練，包含生病、餵養等，飼主想要知道的，本書裡都有！
全彩240頁
NT$350.

臘腸犬飼養書

體長腿短臘腸犬，圓溜溜的眼睛、惹人憐愛的表情，具有壓倒性人氣。熟讀此書，讓您更加理解心愛的臘腸犬。
全彩240頁
NT$350.

品味生活系列 How to enjoy your life

世界名家椅經典圖鑑

從包浩斯到北歐設計，多彩多姿的中世紀與日系經典作，從源起到特色，幫您創造出獨一無二的室內風格。
全彩208頁
NT$360

全方位瑜伽

瑜伽是幫助妳達成身心輕快，全面掌控身體及心靈的最佳途徑。就從本書所收錄的體位法開始實踐吧！
全彩240頁
NT$360.

瑜伽大全

從瑜伽歷史開始揭開其神秘面紗。詳盡、易懂的解說，帶領瑜伽入門者解開疑惑，開啟通往瑜伽的大門。
全彩232頁
NT$360.

健跑養成計劃書

只要掌握正確的方法，任誰都能享受跑步的樂趣喔。本書將要告訴你愉悅地展開跑步生涯的秘訣。
全彩192頁
NT$360

陽台盆栽種植DIY

只要了解它的特性，就能輕鬆掌握和植物融洽相處的訣竅，從第一個組合盆栽開始，創造專屬自己的小庭園吧！
全彩232頁
NT$350.

芳香療法完全手冊

本書將告訴您如何開始透過芳香療法讓生活過得更有活力，開啟通往香氛世界的大門，讓您簡單成為芳療達人。
全彩240頁
NT$350.

LOHO PUBLISHING

趣味教科書

了解狗狗的想法

How to communicate with your dog

水越美奈◎監修／LOHO編輯部◎編

社　　　長	根本健
總 經 理	陳又新

原著書名	犬のキモチがわかる本
原出版社	枻出版社 EI Publishing Co.Ltd.
原文編輯	RETRIEVER編集部◎編
原文監修	水越美奈
譯　　者	蔡依倫
企劃編輯	道村友晴
執行編輯	方雪兒
日文編輯	李依蒔
美術編輯	李秀玲

※特別感謝金旺動物醫院張振東院長提供專業協助

財 務 部	王淑媚
發 行 部	黃清泰
發行·出版	樂活文化事業有限公司
地　　址	台北市106大安區延吉街233巷3號6樓
電　　話	(02)2325-5343
傳　　真	(02)2701-4807
讀者電話	(02)2705-9156
帳　　號	50031708
戶　　名	樂活文化事業股份有限公司
總 經 銷	大和圖書有限公司
	(02)8990-2588
	科樂印刷事業股份有限公司

新台幣360元
2008年11月初版
翻印必究
94653-5-0